완벽한 결혼생활 매뉴얼

완벽한 결혼생활 매뉴얼

초 판 1쇄   2020년 05월 20일
초 판 2쇄   2021년 03월 18일

지은이 이혜성
펴낸이 류종렬

펴낸곳 미다스북스
총괄실장 명상완
책임편집 이다경
책임진행 박새연 김가영 신은서
본문교정 최은혜 강윤희 정은희 정필례

등록 2001년 3월 21일 제2001-000040호
주소 서울시 마포구 양화로 133 서교타워 711호
전화 02) 322-7802~3
팩스 02) 6007-1845
블로그 http://blog.naver.com/midasbooks
전자주소 midasbooks@hanmail.net
페이스북 https://www.facebook.com/midasbooks425

© 이혜성, 미다스북스 2020, *Printed in Korea*.

ISBN 978-89-6637-795-4 03590

값 15,000원

미다스북스는 다음세대에게 필요한 지혜와 교양을 생각합니다.

결 혼 생 활 은 어 떻 게 할 까 ?

완벽한 결혼생활 매뉴얼

이혜성 지음

미다스북스

부부에게 추억을, 행복을, 파트너십을, 사랑을!

2019년 8월 15일 광복절 날 교회에서 새벽기도를 마치고 돌아가는 길에 스마트폰을 켰다. 지인이 유튜브 방송 링크를 보내왔다. 그날 아침 보고 들은 100세 철학자 김형석 교수님의 명강의는 내 인생에 큰 빛이 되었다.

"너무 인생을 짧게 보면 안 됩니다. 꿈을 가진 사람이 공부 잘하는 사람보다 나아요. 꿈은 어디에 있는고 하니 고등학교 졸업한 때부터 대학 1학년쯤 됐을 때에 '이다음에 내가 50쯤 되었을 때 어떤 인생을 살게 될까?' 그 문제를 가지고 있는 사람이 50이 될 때까지 한길을 걷습니다. 그리고 성공하게 되고 보람이 있습니다. 그럼 우리가 어떤 사람이 성공

4 **완벽한 결혼생활 매뉴얼**

했다거나 어떤 사람의 인생을 귀하게 여기는 것은 다 50 넘었을 때 평가입니다."

　나를 돌아봤다. 내 나이 50이다. 대학 때 작가와 교수를 꿈꿨던 내 꿈은 온데간데없었다. 예체능을 하는 두 아들 뒷바라지에 내 월급의 전부를 붓고 있었다. 남편은 정년이 10년 남았는데 개업을 하겠다 하여 자주 다투고 있었다. 내 직장에선 사무관 승진 기쁨도 잠시 내가 어딘가로 파견을 나가야 할 상황이었다. 나는 지칠 대로 지친 상태였다. 그런데 김 교수님이 내게 일침을 가한 것이다. 인생을 길게 바라보라 했다. 50에 내가 어떤 인생을 살게 될까 하는 생각이 없으면 항상 남을 따라다닌다고 했다. 60쯤 되면 확실한 인생관과 가치관을 가지고 살아야 하고 70대까지 성장하고 80대 마지막까지 유지해야 한다고 말했다. 또 김 교수님은 정말 행복한 게 뭐냐는 질문에서는 "다른 사람을 위해서 고생한 것이 제일 행복한 거예요. 사랑하는 대상이 없으면 인생이 끝나요."라고 답하셨다.

　이 말씀에 나는 희망을 가졌다. 그래, 나는 헛살지 않았다. 남편과 두 아들이 버겁게 느껴질 때가 있었지만 이 세 남자들은 나와 함께 꿈을 꾸고 공부하면서 성장해왔다. 그리고 부모 자식으로서, 부부로서 사랑을 함께 나눴다. 김 교수님 시각으로 보니 나는 정말 행복한 사람이었다. 그간 내 인생을 너무 깎아내렸던 것이다.

5분 강연이 계기가 되어 책을 주문했다. 『젊은 세대와 나누고 싶은 100세 철학자의 인생, 희망이야기』가 내 손에 왔다. 99쪽에 '결혼이라고 쓰고, 열매라 읽는다.' 는 꼭지 제목이 눈에 확 들어왔다. 또 한 번 전율을 느꼈다.

"사랑의 방식은 다양한 형태가 모두 존중되어야 하지만, 그중에 특히 사랑이 있는 결혼과 행복한 가정은 인류의 가장 값진 전통의 하나로 이어져야 할 가치가 있다. '결혼해보라. 후회할 것이다. 하지 말아보라. 그래도 후회할 것이다.'는 세익스피어의 말이다. 한때는 우리 주변에서도 '결혼은 연애의 무덤'이라는 얘기를 들을 수 있었다. 연애론자의 말이었다. 잘못된 것은 아니다. 결혼은 개인의 자유를 제약하며 가정적인 부담은 행복을 빼앗아간다는 생각을 많은 사람들이 하고 있다. 그렇다고 결혼을 안 하게 되면 남들이 누리는 행복과 사랑의 보금자리 밖에서 사는 것 같은 아쉬움이 평생 뒤따른다. 그래서 많은 사람들은 자유롭고 행복할 수만 있다면 결혼해도 좋다는 결론으로 돌아간다. 그러나 노력이나 사랑의 봉사가 없이 자유와 행복을 원한다는 것은 큰 잘못이다. 사랑은 더 많은 자유와 행복을 만들어 준다는 의지와 노력이 있는 사람만이 행복한 결혼을 할 수 있는 것이다."

　하나님이 광복절 날 김 교수님을 통해 나의 50년 삶에 빛과 선물을 주신 것이 분명했다. 대학 때 꿈과는 달리 나는 지난 30년 동안 공직생활과 결혼생활만을 해왔다. '내 인생은 뭐지?'하며 참 허무하다는 생각을 하곤 했었다. 교수님 책을 읽으며 내 인생을 바라보는 시각이 확실히 달라졌다. 공직자로서 한 길을 걸어오며 지역 사회에 기여했다는 자긍심을 갖게 되었다. 어머니로서 자녀에게 예체능인의 길을 열어준 것도 우리나라 문화체육에 기여하는 의미 있는 일이다. 또 남편의 법무사 개업을 도우면서 준비하는 자에게는 성공의 문이 더 활짝 열린다는 확신도 갖게 되었다. 결혼을 하여 여성으로서의 희로애락도 온몸과 온 마음으로 겪었다. 어머니와 할머니, 시어머니와 시누님들의 삶까지 보듬을 수 있게 되었다. 결혼이 아니었으면 도저히 맛볼 수 없는 귀한 열매였다.

고진감래의 맛이 크게 느껴진다.

　100세를 하루 24시간이라고 볼 때 내 나이는 만 50세니까 내 시간은 정오 12시다. 생의 한가운데에 서 있다. 앞으로 살아갈 날이 50년이다. 또 남편과의 결혼생활이 50년이 더 남은 셈이다. 배우자와 함께할 수 있는 일, 아니면 홀로 재미있게 할 수 있는 일을 틈틈 구상해야겠다는 생각을 해본다. 생존만이 목표가 아닌, 진짜 삶을 살고 싶기 때문이다. 철학과를 나온 덕에 인생을 깊게 생각하고 빨리 제2인생을 시작한 남편에게 고마운 마음이 든다.

　나는 이 책을 코로나19가 온 세상을 뒤흔드는 시기에 썼다. 사회적 거리두기와 퇴근 후 귀가를 장려하고 있다. 남편과 나는 한겨울부터 꽃피는 봄날까지 거의 100일을 같이 보냈다. 남편은 사업홍보마케팅을 열심히 준비했다. 나는 20년간 써온 일기장을 펼치며 자서전격 에세이를 썼다. 종종 울었다. 남편과 아들에게 미안했던 일들, 시어머니와 시누님께 당돌하게 굴었던 일들이 하나하나 다 기억났다. 한때 가족들에게 내가 가졌던 서운한 마음이 오히려 죄송한 마음으로, 고마운 마음으로, 사랑의 마음으로 변하는 것을 체험했다. 또 어렸던 내 자신을 조금 성숙해진 내가 안아주고 다독이는 기분도 들었다. 아내로서, 엄마로서, 공직자로서, 성도로서 늘 부끄럽지 않고 본이 되고자 노력했던 내 이야기가 많은 분들이 행복한 삶을 사시는 데 도움이 되길 바라는 마음으로 솔직하게 썼다. 노년 부부에게는 추억을, 중년 부부에게는 행복을, 신혼부부에게는 파트너십을, 연인들에게는 사랑을 일깨우는 결혼장려서가 되기를 바란다.

책 속에 등장하는 가족과 동료, 지인들은 지난 20년 아니 50년 동안 나를 성장할 수 있도록 이끌어주고 도와준 고마운 분들이다. 혹시라도 내가 복원한 옛 사건들과 대화에 마음 상하시는 일이 없기를 바란다. 특히 남자 주인공 이병은 님을 믿고 사랑하기에 나의 결혼 이야기를 세상에 공개한다. 아내로서 엄마로서 부족한 점은 앞으로 살면서 더 채워갈 것이다.

독자 여러분께는 100세 김형석 교수님의 명언 "결혼이라고 쓰고, 열매라 읽는다."가 부디 이 책을 통해 조금이라도 전달되기를 소망한다.

(4장)── 나이가 들수록 배우자와 잘 지내는 법

(5장)── 이유 없이 행복한 부부는 없다

1 장

결혼,
해서 뭐 하는데?

01

결혼, 해서 뭐 하는데?

* 꽃피는 봄날 결혼 아닌 시집을 갔다

'연분홍 치마가 봄바람에 휘날리더라. 오늘도 옷고름 씹어 가며 산제비
넘나드는 성황당길에 꽃이 피면 같이 웃고 꽃이 지면 같이 울던 알뜰한
그 맹세에 봄날은 간다'

해마다 봄날이면 장사익의 노래 〈봄날은 간다〉가 울려 퍼진다. 나이를
먹을수록 이 노래가 와닿는다. 나는 결혼생활 내내 남편과 시댁에 대한
애증이 마치 꽃이 피고 지는 것처럼 왔다 갔다 했다. 나는 격동의 신혼기
를 겪으며 왜 옛 여인네들이 '결혼을 했다' 하지 않고 '시집을 갔다'고 말

하는지 그 이유를 알게 되었다.

　나는 1999년 3월, 연분홍 치마저고리를 입은 새각시가 됐다. 당시 유행했던 신부 한복은 진한 수박색 저고리에 빨간색 치마였다. 그럼에도 나만 독특하게 연분홍 치마저고리를 입은 사연이 있다. 나도 처음엔 엄마랑 주단집에 가서 당시 유행했던 색과 옷감을 골랐었다. 치수를 재기 시작했다. 잠시 후 큰시누님이 한복집으로 전화를 걸었다. 주인은 엄마에게 수화기를 건넸다.

　“한복 무슨 색깔로 했어요?”
　“진한 수박색 저고리와 빨간색 치마로 했어요.”
　“안 돼요. 연한 분홍색으로 위아래 같은 색으로 입히세요.”
　“왜요?”
　“진한 색으로 하면 시집살이가 심하다고 합니다. 그러니 무조건 연한 색으로 하세요. 동생댁이 수월하게 살면 좋잖아요.”
　“아, 네…….”

　옆 동네에 사시는 큰시누님은 친정엄마보다 나이가 젊었다. 하지만 마을 부녀회장님이었고 5녀 2남 중 장녀로 단호함이 있었다. 나는 속으로 ‘어? 분홍색은 약혼식 색깔인데. 한복은 내가 입는 것인데……’ 하고 좀 반발심이 일었다. 월권 같기도 했다. 하지만 시집살이를 수월하게 한다는 말에 엄마와 나는 복종했다.

신혼여행을 다녀와서 시댁에 인사를 갔다. 작은어머님이랑 많은 분들이 와 계셨다. 잔치음식 냄새가 진동을 했다. 그런데 잠시 후 거실에 병풍이 펼쳐지고 음식상이 격식 있게 차려지기 시작했다. '아니, 신랑 신부 환영 저녁식사가 아니고? 제사인가?' '세상에 신혼여행 마치고 돌아온 날이 시댁 제삿날이라니…….' 당황스러웠고 불쾌했다. '일부러 결혼날을 이렇게 잡았나?' 싶다가 '실리적이다.'라는 느낌도 어렴풋이 들었다. 알고 보니 제사가 아홉 번이나 있는 시댁이었다. 출산하다 돌아가신 본부인, 아들을 낳지 못한 새 부인, 또 새장가를 가신 증조할아버지가 계셔서 할머니들 제삿날이 많았다, 그리고 시아버님은 아들이 없는 큰집으로 양자를 가셨기에 집안 제사가 많을 수밖에 없었다.

1999년 12월, 첫아이가 태어났다. 당시엔 배우자 출산휴가가 없었다. 남편은 나와 아기를 시댁에 태워다 주고 다시 근무지인 정읍으로 훌쩍 떠나버렸다. 나는 남편도 없는 시댁으로 들어가 산후조리를 한 달간 했다. 첩첩산골에 유배된 느낌이었다. 그해 겨울은 유난히 눈이 많이 내렸다. 시냇가 물이 꽁꽁 얼 정도로 추운 날이 계속되었다. 나는 상상도 못했던 고부간 갈등을 겪기 시작했다.

시어머니는 오줌을 싼 천 기저귀를 빨지 않고 방바닥에 널어놓았다. 다시 말려서 아이에게 채웠다. 다행히도 효자이신 도련님이 세탁기를 시댁에 사주셨다. 아기가 먹다 남긴 우유는 아랫목 이불 속에 넣었다가 다시 먹였다. 보리차를 손수 끓였기에 부스러기가 젖꼭지 구멍을 막아 우유가 나오지 않곤 했다. 아이 목욕은 세수 대야 두 개로 끝내버렸다. 그리고 산후조리를 위해서 방 온도를 엄청 높여주셨다.

아이의 항문 주변은 빨갛게 변하더니 곪기 시작했다. 손가락 사이도 곪았다. 택시를 대절해서 병원에 갔다. 치루라 했다. 금방 낫는 게 아니라고 했다. 나는 속이 탔다. 시부모님이 경로당에 나가셨을 때 나는 친정아버지께 전화를 드렸다. 제발 날 좀 친정으로 불러달라고. 당시 친정에는 거동이 불편한 할머니가 계셨고 엄마는 언니의 아들을 키우고 있었다. 나를 돌볼 형편이 아니었다. 그러나 나는 울다시피 아버지께 탈출을 도와달라고 부탁했다. 아버지는 시어머니께 그간 노고를 치하하며 "외손주가 보고 싶다."라고 보내달라고 했다.

시어머니는 먹고살기 어려운 전후 시대, 딸 다섯을 낳다 보니 제대로 산후조리를 한 번도 받아본 적이 없으셨다. 또 농사로 바빠서 외손주를 돌본 적도 없으셨다. 마흔이 다 되어 낳은 큰아들이 내 남편이었다. 일흔이 다 되어 첫 손주를 보신 시어머니께서 손주에게 얼마나 정성을 다했는지 나는 내 머리로 충분히 알고 있었다. 그러나 아이 키우는 방법이 너무 구식이었다. 신식 며느리인 나는 견딜 수가 없었다. 며느리가 시어머니를 가르치는 데는 한계가 있었다. 젖병소독기, 전자렌지 사용법 등등. 나는 점점 지치기 시작했다. 시어머니도 당신이 써보지 못한 가전제품이 익숙지 않아 힘들어하셨다. 또 며느리 먹일 미역국을 세끼로 차려야 했으니 경로당 친구들과도 놀지 못했었다. 나는 나대로 시댁을 찾아온 시어머니 첫 손주 축하 손님을 늘 맞이해야 하는 불편이 있었다.

나는 친정에 가서 산후조리 기간에 있었던 일을 모조리 친정엄마에게 다 이야기해버렸다. 엄마는 곧바로 평소 친하게 지냈던 남편의 큰 누님에게 딸 산후조리 이야기를 옮겼다. 사돈이 되었다는 걸 깜박 잊고 만 것이다. 큰시누님도 배은망덕한 나의 경망스런 언행을 시어머니께 전해버렸다. 시어머니는 괘씸한 며느리에 대한 분을 못 참고 친정에 전화를 걸어 "양전한 줄 알았더니, 실망스럽다."며 화를 퍼부었다. 이렇게 나는 산후조리 한 달 만에 '시어머니와 친정어머니는 다르다.', '며느리는 딸이 될 수 없다.'는 진리를 터득하고 말았다.

나는 한참을 울었고 공포에 떨었다. 남편과 친정아버지는 어떻게 수습해야 할지 난감해하셨다. 아버지가 큰시누님 댁을 다녀오셨다. 고부지간에 잘 지낼 수 있도록 중재를 간청하셨다.

얼마 후 또 시댁에 큰 제사가 있었다. 시어머니는 애가 탔다. 제삿날 어머니 동서들이 오면 첫 손주를 자랑해야 하는데 며느리가 친정 가서 안 오는 것이었다. 정말 가기 싫었는데 친정아버지는 나를 달래서 보냈다. 나는 남편을 믿고 시댁에 가서 무사히 제사를 지냈다. 그리고 출산휴가가 끝날 무렵 나는 무슨 일이 있더라도 '내 아이는 내가 데리고 자고, 내 방식대로 키우겠다.'라고 결심했다.

＊ 러브레터 아닌 반성문을 받다

남편은 2000년 1월 남원법원으로 발령을 받았다. 주말부부 생활을 끝내고 나랑 함께 살게 됐다. 남편은 과연 아기와 나에게 충실했을까? 전혀 아니었다. 오히려 친정아버지가 남편 대신 자주 전화를 하시며 나를 돌봤다. 아버지는 외손주를 키운 경험이 있어서 자상했다.

"저녁에 다음날 아침 식사를 미리 챙겨놔야 한다. 쌀도 미리 씻어 밥솥에 예약해놓고 국도 미리 끓여놔라. 젖병도 다 소독해놓고. 출근할 옷도 미리 다 챙기고 자거라."

나는 날이면 날마다 테니스와 술자리로 늦게 들어오는 남편을 기다려야 했다. 때로는 고스톱도 쳤던 것 같다. 퇴근 후 나는 보모집에서 아이를 데려오고 기저귀 세탁과 젖병 소독만 하는데도 밤 11시를 넘겨버렸다. 내 저녁식사는 당연히 부실했다. 아이는 항문 염증으로 자주 열이 났고 항생제를 우유에 타서 먹이다 보니 잘 먹지 않고 토하곤 했다.

남편은 술 마시고 오는 날이면 코를 골며 깊은 잠에 떨어졌다. 나는 아이가 자다가 깨어 울면 열을 재고 약 접시를 챙겨야 했다. 어느 순간 남편이 너무 미워서 들고 있던 접시를 냉장고를 향해서 던져버렸다. 지금도 냉장고엔 접시 자국이 선명하다.

나는 결혼한 지 21년째가 된다. 신혼시절 일기를 보니 애처롭기 그지 없다. 지금의 내가 돌아갈 수 있다면 그 시절의 나를 안아주고 싶을 만큼 눈물이 핑 돈다. 30대 초반의 내가 너무 많은 짐을 한꺼번에 진 것이다.

반면에 남편은 황금기를 살기 시작했다. 직장을 잡고 결혼을 한 안정적인 유부남이 된 것이다. 나는 시댁과 분가해서 살았어도 시댁의 농사, 송사, 애경사 등에 계속 신경을 써야 했다. 시누님들은 나에 대한 서운하고 미운 마음을 가끔씩 직설적으로 표현했다. "제사 때 돌봐드려라. 생신날 하룻밤 자고 와라." 등등. 당연한 말씀인데도 나는 신랑과 다투고 또 다퉜다. 그러다가 어느 날 나는 남편으로부터 한통의 반성문을 공문서처럼 받았다.

반성문

수신 : 이△△ 여사님

발신 : 이□□

결혼한 지 2년 반이 지났습니다. 아무것도 가진 것 없는 빈털터리한테 시집 와서 남편 옷 사주랴, 시댁일 챙기랴 하루라도 편할 날이 없겠구나 생각이 드는군요. 내가 총각시절 어려웠던 일을 다 잊어버리고 그대가 사준 옷과 차려준 밥에 너무나도 안주하며 아무 생각 없이 살고 있다는 생각이 듭니다. 앞으로는 말도 잘 듣고 속도 썩여드리지 않겠습니다. 나쁜 직장문화에 길들여져 무엇이 올바른 길인지 잠시 잊었나 봅니다. 이럴 때 그대가 올바른 길로 인도해준 것 같습니다. 한편으로 '마누라를 잘 얻었구나.' 하는 생각도 해봅니다. 사랑하오. 정말로 앞으로는 속 썩이지 않고 열심히 살겠소. (끝)

반성문 편지를 받은 날 일기에 이렇게 적으며 마음을 추슬렀다.

"가사, 육아가 어렵다고 무식하게 서로의 감정을 건드리며 싸우지는 말자. 그는 원래 좋은 사람이다. 가사, 육아는 노력이 필요하다. 그는 노력하고 있다. 서로 협력하면서 가사와 육아를 해보자. 불만보다는 사랑과 존경을 전하는 아내가 되자."

02

매 순간 100% 행복한 부부는 없다

* 공직자 마인드와 사업가 마인드

"상대에게 맞추려면 가장 먼저 상대가 나와 다르다는 것을 인정해야 합니다."

법륜스님의 『스님의 주례사』에 나오는 말씀이다. 내가 남편과 결혼해서 끝까지 함께 사는 데 도움이 될 주옥같은 말씀이다. 평소 대인관계에도 많은 도움이 될 것 같아 메모지에 적어 PC 모니터에 붙여놓고 한 번씩 보곤 한다.

통계청이 발표한 '2018년 이혼 통계'에 따르면 국내 이혼 건수는 10만 8,700건이다. 이혼 건수가 전년 대비 2.5% 증가했다고 한다. 증가 이유는 결혼한 지 20년 이상인 사람들의 황혼이혼이 증가했기 때문이란다. 이혼 전문 변호사에 따르면 요즘 이혼 사유는 폭력과 외도보다는 성격 차이, 소통 부재가 주된 원인이라고 한다.

나는 중매결혼을 해서 남편과 충분한 교제 기간 없이 결혼을 했다. 당연히 달콤한 추억도 없었다. 신혼 초 육아와 가사가 벅차서 결혼생활에 회의가 온 적이 한두 번이 아니었다. 우리가 신혼 때 주로 다툰 이유는 남편의 늦은 귀가였다. 나는 야근하느라고 귀가를 늦게 했는데, 그는 대부분 술자리로 늦게 귀가를 했다. "이야기 좀 하자."는 나의 요구에 그는 "일하고 늦게 들어오는 거나 술 먹고 늦게 들어오는 거나 늦게 집에 들어오는 것은 마찬가지다."라며 나의 불만을 묵살했다.

그는 대체로 친구들과 놀기와 운동하기를 좋아했다. 또 멋있게 살기 위해 크게 돈을 버는 방법에 대한 공부를 좋아했다. 주식 투자를 했고 기업 분석을 위한 투자경영 서적을 무척 탐독했다. 그래서 그는 내가 아침부터 저녁까지 일에 파묻혀 살거나 적금과 보험만 꼬박꼬박 넣는 재테크 방식에 후한 점수를 주지 않았다. "회사에서 열심히 일하면 성과급이라도 많이 받고, 자기 사업에 올인 하면 매출이 확 올라갈 텐데." 하며 나를 미련한 사람 취급했다.

아이들의 10대 성장기 때는 예체능 사교육비 부담으로 많이 힘들어했다. 나는 예체능 특기 교육이 삶을 윤택하게 할 평생의 재능으로서 가치가 있다고 본 반면에 그는 비싼 교육비를 투자한 만큼 우수한 성적과 성과를 빠른 시일 내에 보기를 기대했다. 내 교육관이 고상하고 그의 교육관이 속되다는 뜻한 아니다. 사실 맞벌이 공직자 수입으로 예체능을 전공하는 두 아이를 키우는 데는 한계가 있는 게 사실이다. 다행히도 남편이 보유한 바이오와 뷰티 종목 등 중국 관련주가 우리 가정에는 큰 도움이 되고 있었다. 그러나 주식시장이 항상 좋을 수는 없었다.

2017년도 봄은 유난히도 나라 안팎이 시끄러웠다. 중국 정부가 대한민국의 사드 배치에 보복하여 한국 관광을 전면 금지시킨 것이었다. 중국 관련 한국 기업에 대한 무차별 공격과 불매 운동, 수입 불허가 조치가 확산되고 있었다. 남편은 스마트폰에서 눈을 떼지 않았다. 실시간으로 주식시장과 경제 뉴스를 계속보고 있었던 것이다. 남편은 내가 오랫동안 관리해왔던 그의 월급통장마저 회수해갔다. 마이너스 통장 이자를 부담해야 한다는 것이었다.

중국 관련주에 집중 투자했던 우리 집은 긴축재정을 해야 했다. 우유 배달과 가사도우미 고용을 중단했다. 중3 아들은 수학과 영어 과외를 그만두고 오로지 거문고만 배웠다. 나는 중국어 개인 레슨을 접었다. 고3

아들은 대학 진학을 포기하고 프로테스트에만 몰입했다. 남편은 야간영장 근무를 지원하였고 낮에는 아들 훈련을 집중적으로 돕기 시작했다. 어느 날 남편이 말했다.

"우수한 선수를 다수 배출한 경험이 있는 수도권 골프아카데미로 옮겨야겠어. 빠르게 갈 수 있는 길이 있는데 너무 더디 가는 느낌이야."

나는 기가 막혔다. 월 2~3백만 원이 드는 대전지역 골프아카데미 훈련비도 벅찬 형편이었는데, 남편은 월 4~5백만 원이 드는 수도권 골프아카데미로 훈련지를 바꾸자고 제안한 것이다. 나는 비용도 비쌌지만 남편의 조급함에 자식과 좋은 스승을 동시에 잃어버릴까 염려되었다. 당시 대전에 계신 L프로님은 내 아들의 성적보다는 선수로서 평생에 걸쳐 꼭 필요한 멘탈 강화 훈련을 더 중요시하고 있었다.

계속해서 남편은 형편이 더 어려워지면 아들 뒷바라지를 끝까지 못 해 줄까 봐 걱정이 이만저만이 아니었다. 남은 전 재산을 투자하여 스파르타식 교육이라도 시켜서 빨리 프로골퍼를 만들고 싶어 했다. 그러나 큰아들은 어려서부터 보모나 가르치는 선생님들에게 낯가림을 심하게 하는 편이었다. L프로님은 우리 부부에게 배신감을 느꼈지만 우리 아이에게는 맞춤형 교육이 지속적으로 필요함을 강조했다. 레슨비를 반값으로 할인해주셨고 1년 후 당당히 프로로 키워냈다. 진정한 멘토요, 스승님이었다.

✳ 어머니 실례지만 별거 중이세요?

하루에도 몇 천만 원씩 주가가 떨어지자 남편은 당시 유행했던 태양광 발전 사업을 구상하기 시작했다. 남편은 시부모님 유산으로 받은 산 두 개가 있었다. 두 개의 산에는 부모님까지 총 열한 분의 조상이 모셔져 있다. 나는 한 번도 산을 재산 개념으로 생각해본 적이 없었다. 나뿐만 아니라 대부분의 사람들에게 산은 일가 종친들의 무덤이 대대로 모셔진 종산(宗山), 선산(先山)으로서의 의미가 더 크기 때문이다. 남편의 성화를 못 이겨 나는 남편을 도왔다. 지자체 공무원인 나는 개발 행위가 가능한지를 알아봤고 전기기사 자격을 갖고 있는 형부를 통해 삼상선로 확인 등 한국전력공사와 관련된 여러 가지 선행학습을 하였다. 주말에는 서울에 가서 태양광시공업체가 준비한 발전 사업 설명회를 듣곤 했다. 집안 반대를 예상하고 남편은 시누님들과 자형 한 분 한 분께 전화를 하거나 만나기 시작했다. "같이 투자해서 연금보다 좋은 수익을 나눠 갖자."고 권했다. 그러나 큰시누님의 독설에 KO패를 당했다.

"부모님이 평생 고생하시다가 그나마 한 평 누워계신 곳을 전기로 뜨겁게 지질 거냐? 괘씸한 것들. 산소에 손만 대봐라. 내가 너희들 근무하는 직장 앞에 가서 피켓 들고 '불효자식 ○○○'이라고 시위할 거다."

나는 시누님의 말씀에 얼굴이 화끈거렸으나 남편을 위로하는 것이 더 시급했다. 집으로 돌아오는 차 안에서 말했다.

"독설도 당신을 귀하게 여기기 때문이니 마음 상하지 마세요. '자기 자식 뒷바라지하려고 부모 산소에 손을 대는 불효자'로 매도되는 것은 나도 싫어요. 애들이 정신 바짝 차리고 공부나 훈련을 열심히 하고 좋은 성과 내도록 내가 기도할게요. 영리한 사업가는 모든 상황에 대비해야 합니다."

나는 오래전부터 남편이 공직자 마인드가 아닌 사업가 마인드를 가졌다고 이미 인정한 상황이었다. 남편은 내게 말했다.

"든든한 후원자가 옆에 있으니 든든하네."

한번은 둘째아이 학교를 방문했다. 상담 중에 내 얼굴이 너무 힘들어 보였는지 "실례지만 어머니 별거 중이세요?"라는 질문을 받았다. 나는 당황했다. "하고 싶은 일을 척척 벌이는 남편을 뒤따라 다니며 수습하다 보니 지쳤어요."라고 울면서 답했다. 그 후 담임 선생님은 무료 국악 강습을 여름방학 동안에 받을 수 있도록 추천해주셨고, C제과의 장학금도 받을 수 있게 배려해주셨다.

이처럼 나는 남편이 하고자 하는 일에는 내 뜻과 체질에 안 맞아도 맞춰주는 편이었다. 그렇다고 남편을 파격적으로 지원하지는 않았다. 늘 남편이 불어대는 방향대로 흔들리는 갈대처럼 살아왔다. 그래서 부러지지 않은 게 아닐까? 지금 생각해보니 성격 차이는 있었지만 남편과 나는 소통 시간을 자주 가졌고 남편의 지향점이 옳다고 생각되면 따랐다. 남편도 자녀 교육과 가정 경제의 중요성에 대해서는 큰 틀에서 나랑 가치관이 같았으며 수단만 달랐을 뿐이었다.

나도 한편으로는 남편이 투자하고자 하는 일에 매력과 호기심을 느꼈던 것 같았다. 그래서 그것을 실현시키고자 같이 동참하고 발품을 기꺼이 팔았다. 이것이 내가 남편과 20년 이상을 친구처럼 함께 사는 이유다. 남편과 나 사이에 성격 차이는 좀 있으나 끊임없는 대화를 통해서 다름을 인정하고 존중했기에 지금까지 함께 결혼생활을 유지해온 것 같다.

서른 살에 선을 보게 된 이유

* 닭띠 동갑끼리 살면 좋다던데요

나는 1998년도부터 남원에서 직장 일을 마치고 밤에 전주로 대학원을 다니기 시작했다. 시골 부모님 집에서 나와 시외버스터미널 근처의 언니네 아파트에서 살게 됐다. 언니는 오히려 신혼집을 통째로 내게 맡기고 친정집에 들어가서 조카를 키우며 직장을 다니고 있었다. 그해 김장철, 언니가 전화로 빅뉴스를 알려왔다.

"야, 너 장수군 S면으로 시집가게 생겼다."
"뭐라고?"

"P동네 이장님 있잖아. 거기 이장님의 큰 처남이야. 법원직 임용 대기 자래."

"뭔 소리야? 누구 맘대로."

"아버지 원래 법원 공무원 좋아하잖아. 나도 첫 선을 법원직과 봤어."

내 친정은 남원시 B면이고, 시댁은 장수군 S면이다. 행정구역은 달라도 생활권은 같았다. 산등성이 몇 개만 넘기만 하면 도착한다. 자동차로 10분 거리다. 서로 혼인이 잘이뤄지는 가까운 지역이다. 친정 큰고모도 장수군 S면으로 시집을 갔고, 남편의 큰 누님은 내 친정 옆 동네로 시집을 오셨다.

시어머니가 1998년 겨울, 큰딸 집 김장을 마치고 버스를 타기 위해 차부집인 우리 집 앞 도로변에서 기다리고 계셨었다. 그날 가게를 보고 계신 분은 우리 엄마였다. 엄마는 할머니들을 보면 당신 친정어머니가 떠올라서 참 따뜻하게 대하셨다. 우리 집으로 들어오시라고 청했다. 드디어 이야기가 시작되었다.

"자녀는 어떻게 되시는가요?"

"오늘 김장한 집이 큰딸이고 딸 다섯은 모두 시집갔어요. 큰아들은 법원직 합격해놓고 발령대기 중입니다. 아직 결혼은 안 했고 발령 나면 바로 해야지요."

"우리 집 큰딸은 시집을 갔고, 둘째 딸은 남원시청에 다니는데 아직 결혼 안 했어요."

"몇 살인데요? 우리 아들은 서른 살인데요."

"아, 그래요. 제 딸도 서른 살입니다."

"서른 살 닭띠 동갑이구만요. 닭띠 동갑끼리 살면 좋다던데요."

"저도 그렇게 들었는데요."

시댁에서 남편은 5녀 2남 중 여섯 번째 태어난 장남이다. 시아버님은 칠순을 앞두고 계셨다. 외손주도 많이 보셨다. 그러나 시아버님은 친손주를 간절히 기다렸다. 시어머니는 동서인 시작은어머니가 벌써 며느리 둘을 봤기 때문에 조바심이 났었다. 시댁은 남편이 1997년 법원직 시험을 합격하자마자 결혼을 서둘렀다고 한다. 그러나 IMF 직후로 공무원 감축 분위기여서 남편 발령은 하 세월이었다. 큰며느리에다가 시누님이 다섯 분인 집에 누가 시집을 오려하겠는가? 이래저래 남편은 나 아니면 결혼하기 어려운 상황이었다.

내 친정은 내가 대학 졸업 후 첫 직장을 빨리 잡은 것까지는 좋아했는데 나이 서른이 되도록 결혼할 생각이 없는 것으로 보여 걱정을 했던 것 같았다.

나는 작가 또는 평론가가 되고 싶었던 꿈을 접고 아버지가 원하는 대로 1991년 7월 고향인 남원군(1995년 남원시로 통합) B면사무소 공무원이 되었다. 민원실 호병계 '이양'으로 불렸다. 고향에서 대학을 졸업한 여자 친구들은 드물었고 대학을 갔다면 대부분 교사가 되었다. 면서기가 된 것은 내가 처음이었다. 남자 동창들은 군을 제대하기 시작했고, 나는 민원실에서 그들의 전역신고를 받았다. 주민등록증을 새로 발급 신청하면 나는 동창 손가락에 잉크를 묻혀서 지문을 날인해야 했다. 좀 민망하고 곤혹스러웠다.

그 이듬해 군청으로 발령이 났다. 새로운 세상이 펼쳐졌다. 청사에는 3백 명이 넘는 직원들이 있었다. 직책과 직급이 정말로 다양했다. 나는 도청으로 자주 출장을 가곤 했다. 대학 친구들이 많이 있는 전주에서 다시 생활하고 싶었다. 도청 공무원들은 대부분 7급 공무원이었다. 나는 7급 시험을 몇 차례 응시했지만 낙방했다. 행정법, 행정학이 좀 어려웠다. 그래서 생각한 것이 행정대학원 진학이었다.

＊ 얼굴 본 지 42일 만에 결혼하다

시어머니와 친정엄마의 첫 만남 뒤 맞선을 보자고 재촉했지만 나는 외면했다. 내가 피할 명분은 '그가 아직 발령 나지 않았다.'였다. 나는 속으로 '햇병아리 공무원과 선을 보게 되다니……. 우리 시청에 멋있는 공무원이 얼마나 많은데.' 하고 관심을 갖지 않았다. 그러나 아버지는 역시나 법원직 공무원에 목말라했었다. 젊어서 송사에 시달렸기 때문이다. 또 아버지 외사촌 누이는 법무사사무소 사무장 아내로 아주 유복하게 살고 있어서 사윗감으로 내 남편을 욕심냈다. 엄마는 자신이 큰며느리로 힘들게 살아오셨음에도 궁합이 좋다고 나를 시집보내고 싶어 했다.

1999년 1월말 남편이 전주지방법원 정읍지원으로 발령 났다. 어른들은 선보는 날을 1월 31일 전주C호텔 커피숍으로 잡아버렸다. 시부모님과 큰 시누님 내외가 와 계셨다. 잠시 후 남편이 나타났다. 검정색 양복차림의 키가 크고 얼굴이 환하고 안경을 쓴 남자였다. 귀공자 티가 났다. 단점을 찾자면 안경 속 눈이 크고 튀어나와 좀 부리부리했다. 목소리는 비염이 있어서 가늘고 하이톤이었다. 시부모님은 칠순을 바라보고 계셔서 머리가 하얗고 얼굴엔 오랜 세월의 흔적이 보였다. 그래도 왠지 푸근해 보였다.

어른들끼리만 말을 나눴다. 나는 뜨거운 유자차를 한 모금 마셨다. 하얀 사기잔에 내 루즈 자국이 묻어나 마시기를 멈춰버렸던 기억이 난다. 이후 나는 남편과 둘이서 모악산 가는 길을 드라이브했다. 첫 점심을 모악산 자락 보리밥집에서 함께 했다. 정말 무드라고는 없는 사람이었다.

선본 아가씨와 보리밥에 된장국을 먹다니. 그다음 주말에도 구례 화엄사 다녀오는 길에 시골밥상이었다. 대화가 하나도 재미없었다. 양쪽 부모들만 좋아했지 당사자들은 호감이 거의 없었다. 부모님이 결혼을 독촉하니까 남편은 프러포즈도 없이 이렇게 말했다.

"결혼식은 남원에서 하길 원해요? 전주에서 하길 원해요?"
"……."

2주간 서로 연락도 안했다. 남편은 직장을 갖자마자 놀지도 못하고 어른들의 뜻에 따라 바로 결혼하기가 싫었던 것 같았다. 어른들은 성화였다. 3월 13일 약혼을 하고 그해 가을 결혼식을 올리자고 했다. 그러다가 갑자기 약혼식 날이 결혼식 날이 되었다. 어른들이 좋아서 잡은 결혼식에 우리는 신랑 신부로 입장하고 말았다. 얼마나 어색했던지 신혼여행을 마치고 돌아오는 길에 캐리어를 각자 끌고 서로 1미터 이상 떨어져 걸었다. 그 모습을 우연히 본 내 직장 동료가 "신혼여행지에서 싸우고 돌아온 사람처럼 보여 놀랐다."고 첫 출근한 내게 말했다.

1월 31일 처음 만나서 3월 13일 날 결혼했으니 42일 만이다. 한 달 보름도 안 되는 완전 번개결혼이었다. 조선시대에도 이처럼 빠른 결혼은 없었을 것이다. 순전히 양가 부모님이 원해서 한 결혼이었다. 결혼식장도 부모님이 잡아준 대로 따라갔다. 지금도 웃음이 난다. 결혼식장은 남원 광한루원 후문 쪽의 아주 오래된 춘향회관이었다. 아버지가 그곳을 고른 이유는 음식이 뷔페가 아닌 전골냄비를 곁들인 한정식 상차림이었기 때문이었다. 한마디로 일가친척과 손님들 식사 대접하기에 좋은 곳을 골랐던 것이다. 신랑 신부의 낭만은 애당초 고려하지 않았다.

엄마는 나를 위로했다. 엄마도 할아버지들끼리 혼담이 오가고 얼마 안 되어 물만 떠놓고 결혼했다고 한다. 그래도 나는 엄마 시대와 다른 요즘 여자 아닌가? 좀 억울했다. 한때 나는 여류작가로 학처럼 도도하게 살고 싶었는데 말이다. 이렇게 20세기 마지막 봄날, 나의 중매결혼생활은 시작되었고 어느덧 21년이 흘렀다. 양가 어른들의 바람대로 우리는 오랜 세월 친구처럼 사이좋은 닭띠 동갑내기 닭살부부로 살고 있다. 첫눈에 반한 설렘은 없었지만 오래전부터 혼인이 자주 성사되는 양가 집안의 신뢰가 우리 결혼의 든든한 버팀목이 된 셈이었다.

부부는 상하리더십 아닌 파트너십이다

* 평생을 룸메이트와 소울메이트로

내가 즐겨 참석하는 부부 동반 모임이 4개 정도 있다. 남원에서 살 때 구성된 모임, 남편의 고등학교 친구 모임, 남편이 몸담았던 직장 동갑내기 모임, 내 직장 오빠들과 남편 친구들로 이뤄진 모임 등이 있다. 모두 다 10년에서 20년 가까운 역사를 갖고 있다. 아이들이 어릴 때는 함께 데리고 다녔는데 어느새 훌쩍 커버려서 조만간 결혼식장에서 만나야 할 것 같다.

내가 이 모임을 좋아하는 이유는 뭘까? 남편들이 각자의 아내들을 평생의 룸메이트와 소울메이트로 소중하게 대하고 있기 때문이다. 의형제처럼 우리는 자녀들의 대학 진학과 같은 경사가 있으면 기뻐해줬고, 군입대나 지병을 앓을 때는 진심을 다해 위로해주고 있다. 평소 남자들끼리 만날 때는 소박하게 삼겹살에 소주였다면 부인들과 만나는 날에는 최고급 한정식과 횟집이었다. 식사 후 남성들은 가맥집을 향해서 여성들은 커피숍으로 나눠 가기도 한다. 특별한 날이면 노래방까지 간다. 우리 부부가 듀엣으로 부르는 노래는 태진아의 〈동반자〉와 컬투의 〈사랑한다 사랑해〉다. 가사와 가락이 부부간에 부르기에 딱 좋은 노래다.

또 서로 경제적인 능력을 비교하지 않았다. 잘 사시는 분이 한 번씩 기분 좋게 낸다. 그리고 여기에 참석한 부부 특징이 대부분 부모님께 효도하면서 자녀들을 훌륭하게 키워낸 공통점이 있었다. 우리 부부가 부모님께 효도하고 자녀를 잘 키우고 있다고 말하려는 것은 아니다. 우리 부부가 제일 부족하다고 반성하고 있다. 나는 본이 되는 다른 부부들의 인품을 배우려고 노력 중이다.

2020년 1월 4일 토요일 저녁, 남편과 나는 결혼식만큼 의미가 큰 행사를 치렀다. 남편의 저서 『창업, 4천5백송이 포도나무 플랜으로 하라』 출판기념회를 겸한 '포도나무 법무사사무소' 개업식이었다. 새해 첫 주말 저녁이었음에도 남편의 많은 친구들과 지인들이 부부 동반으로 와서 축하해주셨다. 정말 고마웠고 기뻤다. 오히려 남편의 7남매는 참석률이 저조했다. 평소 집안 대소사에는 7남매 부부가 거의 참석하여 가족만으로도 북적북적했는데…….

아마 안정적인 공직을 박차고 나온 남편에 대한 서운함과 염려로 선뜻 축하 발걸음을 떼기 어려웠던 것 같았다. 나도 남편의 인생 제2막 출발을 마냥 기쁘게 받아들일 수는 없었다. 남편은 당일 아침, 짬을 내서 주인공답게 미용실에 들렀다. 머리와 화장도 하고 양복을 입고서 기념식장에 일찌감치 도착해서 손님을 맞이하고 있었다. 나는 기념식장과 조금 떨어진 법무사사무실에서 손님들에게 차를 대접하다가 행사 임박해서야 식장에 들어갔다. 남편은 새신랑처럼 환하게 돋보였다. 나는 화환이 즐비한 곳 한쪽에 내 친구들과 함께 앉았다. 친구들이 내게 말했다.

"남편 개업식이니까 우아하게 한복을 차려입고 신랑 옆에 앉았어야지. 왜?"

"그러려고 했지. 한데 양심이 찔렸어. 남편이 명퇴를 고민할 때 내가 수시로 갈군 것이 너무 미안했어. 오늘은 손발이 되려고 편하게 왔어."

그날 나는 걷기에 편하도록 검정색 니트 원피스에 포도주를 상징하는 자주색 코트를 입었다. 남편은 2019년 12월 31일 명예퇴직한 날 저녁부터 단 사흘 동안 2020년 1월 4일에 있을 개업식과 출판기념회를 한꺼번에 준비해야 했다. 눈코 뜰 새 없이 바빴다. 나도 이틀간 연가를 내고 도왔다. 행사 전날 저녁 남편은 내게 기념사 원고를 부탁했다. 남편은 동아리 활동을 꾸준히 해서 원고 없이도 현장 연설을 잘했었다. 그런데 공식적인 자리라 원고를 원했다. 나는 망설이다가 말했다.

"내가 29년 동안 행사 때마다 읍장님, 시장님, 국장님, 부지사님, 도지사님 축사와 연설문을 수도 없이 썼는데 내 남편을 위해 써본 적은 한 번도 없었네. 써볼게."

* 위기를 구한 절묘한 파트너십

인터넷을 검색하기 시작했다. 그러나 법무사 개업과 창업 관련 책을 충족하는 샘플 기념사를 찾기가 어려웠다. 그래서 '혁신적인 법률서비스', '법조계와 경영계 포도나무의 기적', '지역 사회와 경제에 활력'이라는 핵심 키워드를 적고 직접 초안을 잡아나갔다. 한 장 정도를 다 채웠다. 끝으로 참석해주신 내외 귀빈을 그룹별로 호명하며 감사 인사드리는 멘트를 작성할 때가 됐다. 가족에 대한 고마움을 언급할 것인가 말 것인가 고민되었다. 흔히들 개업식 기념사에서 남편들은 "오늘이 있기까지 내조를 묵묵히 잘해준 아내에게 고맙다는 말을 전하고자 합니다. 사랑합니다."라고 말하곤 한다.

그러나 나는 묵묵히 내조하지 않았다. 남편이 책을 쓴다는 것을 자랑
스러워했지만 남편의 부재에 힘들다고 불평을 많이 했기 때문이다. 그와
나는 같은 집에 살았지만 서로 다른 시간대에 들어오고 나가고 했다. 그
는 주말 아침마다 스타벅스 커피숍에 가서 한나절씩 책 쓰기 코칭을 받
았다. 평일에는 새벽 4시마다 일어나 책 원고를 썼다. 화요일 아침이면
경제 동아리 활동을 나가고 금요일 새벽에는 운동을, 일요일에는 합창단
에 나갔다. 유일하게 일요일 오전 예배시간만 나와 함께했다.

나는 나대로 사무관 승진을 위해 내 직장 일에 충성을 다하고 있었다.
내 업무는 새만금농지에 국가예산사업을 반영시키는 일이었다. 세종시
와 새만금 현장을 늘 다녀야 해서 몸이 많이 쇠약해진 상태였다. 주말이
면 둘째 아들이 일산으로 레슨을 받으러 다녔기에 고속버스와 전주역을
수시로 운전해야 했다.

이렇게 나는 내 일에 파묻혀 살았었다. 개업을 반대하고 준비하는 남
편을 적극적으로 돕지 않아서 남편 기념사에 나를 빼기로 했다. 나를 언
급한다면 평소 시누님들이 내 속을 쑤셨던 것처럼 '남편이 공직을 떠나도
록 허용한 죄'를 내가 그대로 인정하는 꼴이기도 했다.

그 순간 절묘한 지혜가 떠올랐다. 개업식에 전의 이가 석탄공파 종친 회장님이 오신다고 했다. 아내 대신 집안의 명예를 드높이기로 했다. 나는 기념사에서 호명할 내외 귀빈 중 다음 분을 제일 먼저 적었다.

"오늘의 제가 있기까지 저의 정신적 지주가 돼주신 전의 이가 종중 어르신들!"

그리고 손님들 테이블에 배포하는 행사 개요 식순에 축사 1순위로 '전의 이가 석탄공파 종친회장 이○○'님을 넣었다. 행사 당일 남편은 큰절까지 하며 기념사를 정치인답게 우렁차게 낭독했다. 그리고 사회자는 첫 축사를 종친회장님께 부탁드렸다. 집안의 명예가 올라가는 순간이었다. 이 효과는 얼마나 컸던지 큰시누님의 생각을 180도로 전환시켰다. 행사를 끝까지 다 보고 남원에 내려가신 큰시누님이 남편에게 전화를 하셨다. "이렇게 자랑스런 동생 행사를 왜 다른 누나들이 불참했냐?"며 다른 누이들을 혼냈다는 것이다.

남편은 돌아가신 시어머니를 대하듯 큰누님을 어려워하고 존경했다. 시어머니는 늘 집안의 명예를 중요시했다. 아마 시어머니께서 살아계셨다면 남편은 공직을 정년까지 유지했을 것이다. 당연히 큰시누님도 남편의 개업을 엄청나게 반대했었다.

남편은 지난 3년간 경제적 위기를 겪으면서 자신이 가장으로서 해야 할 일이 책을 쓰고 개업하는 길이라고 해법을 찾았다. 1년 반 동안 정말로 치열하게 준비했다. 아내인 나는 "바쁘다. 힘들다. 아프다."면서 남편에게 많이 징징거렸다. 그래도 남편은 오로지 승진에만 관심 있는 나에게 "당신은 열심히 일했으니까 분명히 승진할 수 있을 거야."라면서 매번 인사철마다 나에게 희망을 주곤 했었다. 그는 다소 나약한 아내를 탓하지 않았다. 아량으로 감싸주었다. 최악의 길이 아닌 최선의 길로 리드해준 남편의 마음이 고맙기만 하다. 그가 포도나무 법무사로 크게 성장하여 지역 사회나 가정 경제에 활력을 불러일으킬 수 있도록 지혜롭고 사랑스런 파트너가 될 것을 다짐해본다.

명작 속의 완벽한 연인들

게리 마샬 감독 영화, 〈귀여운 여인〉

애드워드 (남) : 왕자가 탑 꼭대기에 갇힌 공주를 구하면 그 다음 어떻게 되지?

비비안 (여) : 그 뒤엔 공주가 왕자를 다시 구해야겠죠.

시시하게 보면 시시한 남편이 된다

＊ 아내는 남편 구원의 KEY

나와 남편은 신혼 초 1년간 주말부부로 살았고, 그 후 20년 동안은 같은 집에서 함께 살고 있다. 그러나 월요일부터 금요일까지는 둘 다 각자의 일터에서 혹은 취미 중심으로 바쁘게 보낸다. 식사를 거의 함께 하지도 않고 눈뜨고 잠자는 시간도 다르다. 지금도 주말부부나 다름없다.

그래도 일요일만큼은 한마음이 되어 교회를 함께 다닌다. 옆에 딱 붙어 앉아 예배를 본다. 교회 담임목사님께서는 2018년 7월 29일부터 8월 12일까지 3주에 걸쳐 「베드로전서」 제3장 1절부터 7절까지를 설교하셨다. 주제는 '아내와 남편'이었다. 그 주간은 내게 특별히 거룩하고 가슴 뭉클한 시간이었다. 나는 행복한 부부 수업을 제대로 받은 셈이었다.

다음은 『성경』 「베드로전서」 '아내와 남편' 전문이다.

1. 아내들아 이와 같이 자기 남편에게 순종하라 이는 혹 말씀을 순종하지 않는 자라도 말로 말미암지 않고 그 아내의 행실로 말미암아 구원을 받게 하려 함이니

2. 너희의 두려워하며 정결한 행실을 봄이라

3. 너희의 단장은 머리를 꾸미고 금을 차고 아름다운 옷을 입는 외모로 하지 말고

4. 오직 마음에 숨은 사람을 온유하고 안정한 심령의 썩지 아니할 것으로 하라 이는 하나님 앞에 값진 것이니라

5. 전에 하나님께 소망을 두었던 거룩한 부녀들도 이와 같이 자기 남편에게 순종함으로 자기를 단장하였나니

6. 사라가 아브라함을 주라 칭하여 순종한 것 같이 너희는 선을 행하고 아무 두려운 일에도 놀라지 아니하면 그의 딸이 된 것이니라

7. 남편들아 이와 같이 지식을 따라 너희 아내와 동거하고 그를 더 연약한 그릇이요 또 생명의 은혜를 함께 이어받을 자로 알아 귀히 여기라 이는 너희 기도가 막히지 아니하게 하려 함이라

나는 당시에 성경책 여백에 세 가지를 메모했다. 하나는 목사님이 말씀하신 내용으로 '아내는 남편 구원의 키(KEY)'였다. 1절 말씀을 핵심 정리한 내용이다. 나머지는 둘은 나의 독백으로 '나는 성경이 말하는 것처럼 사는가?'와 '남편은 나를 귀히 여기는가?'였다. 나는 기독교로 개종한 뒤부터 남편과 두 아들을 위해 아침저녁으로 기도하고 있다. 내가 『매일성경』노트에 자주 적는 기도는 '아내로서 엄마로서 공직자로서 성도로서 부끄럽지 않고 본이 되게 하소서'이다. 나의 정결한 행실로 남편이 구원을 받게 된다면 행실을 바르게 하겠다고 마음먹은 것은 어찌 보면 아내로서 당연한 것이다.

남편도 나를 귀히 여김은 해가 갈수록 깊이 느끼고 있다. 나는 출산 직후에도 주말부부였다. 시부모님 댁에서 남편도 없이 산후조리를 했었다. 그때 나는 고부간의 갈등을 확실히 경험했고 그 뒤부터 시어머니에 대한 내 마음가짐이 다소 불손했었다. 그럼에도 그는 나를 함부로 대하지 않은 사려 깊은 사람이었다. 당신의 어머니와 누님들과는 달라도 너무 다른 나를 오히려 어느 정도 이해하려고 노력했음을 느낄 수 있었다.

나는 직장생활 8년차 8급 공무원이었을 때 9급인 남편을 만나 결혼했었다. 시아버지는 동갑내기 며느리가 아들을 무시할까봐 걱정이 되셨던지 어느 날 "네 월급이 더 많겠지?"하시며 내가 남편을 존중하길 당부하셨다. 우리가 시부모님께 드린 용돈 10만 원도 "박봉이니 다음 달부터는 주지 마라."라고 하셨다. 사실 그분들은 농촌에 사셨지만 고령이라 밭농사 외에는 벼농사를 짓지 않았다. 소액의 국민연금 수입이 전부였다. 시누님들이 주시는 용돈을 오히려 저축하면서 근검절약으로 사셨다.

나는 남편의 월급이 좀 많았으면 좋겠다고 생각한 적은 있었다. 그러나 돈을 나보다 적게 번다고 단 한 번도 탓한 적은 없었다. 아마도 공직자에게 대출 제도가 유용했기 때문인 것 같았다. 물론 결혼 전이나 후에도 상대 배우자가 자신보다 직급도 급여도 낮다면 시시하게 볼 수 있겠다. 내 경우도 남편보다 내가 직급이나 급여 면에서 모두 우월적인 지위에 있었다. 그러나 나는 서른이 넘어 동갑내기를 만나 친구처럼 살 수 있어서 좋았다. 남편이 직장 초년생으로 겪을 시행착오가 최소화되길 바랐을 뿐이었다. 나는 앞선 내 경험을 살려 상사와 동료에 대한 예절과 각종 옥외행사시 사전답사를 철저히 할 것 등을 코칭하곤 했었다. 지금 와서 생각하니 당시 내 모습이 기특하기도 하고 우습기도 하다. 서른한 살 새각시가 동갑내기 신랑을 엄마와 누나처럼 도왔던 것 같았다.

20여 년 전 내가 알고 지냈던 여성 공직자들 남편의 직위는 아내보다 한 계급 위이거나 혹은 관리자격인 계장님 또는 과장님 등 부서장이었다.

그때는 남편의 직위가 아내의 전보 인사에 어느 정도 도움이 되는 시대였다. 좀 부럽기도 했다. 그런데 그 남편들의 나이는 줄잡아 아내보다 네 살 혹은 일곱 살이 더 많았다. 그분들이 직장생활에 연륜이 많고 지위가 높았어도 내 눈에는 꿈과 패기 그리고 용기가 점점 없어져가는 공무원 아저씨로만 보였다. 다행히도 내 남편은 무난하게 직장생활에 잘 적응했다. 때로는 직장 대표 운동선수로 뛸 정도로 노는 걸 아주 즐겼다. 나는 평소 결과보다는 과정을 중요시한다. 내 남편이 나를 만나 총각에서 유부남이 되었고, 아빠가 되었다. 승진은 네 번까지 했다. 이제는 자기 사업을 멋지게 해보기 위해 주변 만류에도 불구하고 정년을 10년 앞두고 과감히 명예퇴직을 하였다. 잘할 수 있는 분야와 돈이 되는 분야에만 집중하고, SNS 홍보를 통하여 사업을 하겠다는 야심찬 전략도 갖고 있다. 이렇게 21년 동안 성장하고 변신하는 남편은 나를 또다시 기대감으로 설레게 한다. 과연 어디까지 폭발적으로 성장할 수 있을까? 때로는 남편에 대한 지나친 걱정으로 내가 아프기도 했다. 그러나 나는 지금껏 남편이 가고자하는 길을 따라줬다. 아니, 북돋아줬다.

＊ 천재가 된 바보 빅터

내가 만일 결혼 초기 남편의 직급이 9급 서기보시보라며 성에 안 차하고 시시하게 여겼으면 어떻게 되었을까? 또 시간이 흘러 남편이 여러 차례 승진을 했더라도 지난 21년 동안 계속해서 나보다 한 계급 아래였다고 무시했다면 어떻게 되었을까? 남편의 자존감은 바닥이었을 것이다. 또 공무원이 안분지족하지 않고 과외로 주식이나 상가 투자 등 재테크할 생각만 한다고 비난했다면 어떻게 되었을까? 아마 지지고 볶고 날이면 날마다 싸웠을 것이다. 남편은 지금도 쉬지 않고 뭔가를 배우고 시도한다. 그리고 좋아하거나 존경하는 분을 만나기 위해 아주 먼 곳도 찾아간다. 바쁘게 사는 남편은 자리에 눕자마자 잠도 잘 잔다. 그래서일까? 내가 자주 보는 50대 동년배의 공직자들보다 젊어 보이곤 한다. 나는 나의 결혼생활이 지금도 재미있고 앞으로도 계속될 드라마처럼 기대된다.

나는 어려서 '바보 온달과 평강공주' 인형극을 아주 흥미진진하게 본 적이 있다. 남편에게 직접적으로 말한 적은 없었지만 나는 내가 '평강공주' 같다는 생각을 가끔씩 했다. 그렇다고 내가 남편을 '바보 온달'이라고 생각하지는 않는다. 어찌 보면 '바보 빅터'에 가까운 인물이다. 물론 내가 남편을 천재로 보는 것도 아니다. 나는 노력하는 그가 좋다. 한때는 남편의 다양한 재테크 시도가 '돈키호테' 같아서 불안하기도 했다. 하지만 그가 공부하고 준비하는 자세는 어찌나 진지한지 마치 나도 내가 '둘네시아' 공주가 된 것만 같았다. 재미삼아 위 동화나 소설 속 어느 한 주인공하고만 같다고 하기는 남편의 관심사와 호기심이 정말 다양하다. 남편은 이 세상에 단 하나뿐인 '이병은' 님이다. 그가 특정 시기에 어떤 것에 관심을 갖고 어떤 일을 하느냐에 따라 나의 지위뿐만 아니라 내가 세상을 바라보는 눈도 달라지곤 했다.

사람들은 우리 부부에게 '부창부수(夫唱婦隨)'라고 한다. 한자 그대로 풀면 '남편이 노래하면 아내가 따라 한다'는 말이다. 남편이 어떤 일을 하고 나서면 아내는 그 일을 도와가며 서로 협동하고 화합하는 부부를 가리키는 좋은 뜻이다. 이제 우리 부부는 서로 좋아해서 따라 하는 단계만이 아닌, 함께 서로의 재능을 키워주며 발전하려는 부부 사이가 되고 싶다.

돌이켜보면 우리 부부는 20세기말 예스럽게 중매결혼한 시시한 하위직 공직자 맞벌이 부부로 출발했다. 그러나 우리 부부는 서로가 선한 영향을 주고받으면서 두 자녀가 예체능인의 길을 가도록 길을 열어줬다. 남편은 최근에 경영 전문 독서 실력과 클럽 활동을 거름삼아 지역에서 제일 멋있게 일하는 법무사로 제2의 인생 닻을 올렸다. 이렇게 우리는 함께 동고동락하며 우리만의 재미난 결혼생활을 창조하고 있어 기쁘다.

06

성실하고 자상한 남편 드물다

* 남편은 눈치 없는 효자

"여성이 사회생활을 하려면 아이와 집안일을 돌봐줄 또 다른 여성의
희생이 필요하다."

이 말의 의미를 결혼한 여성이라면 다 알 것이다. 나는 직장생활 29년
동안 얼마나 많은 여성들이 울면서 마음고생, 몸고생 하면서 슈퍼우먼처
럼 일했는지를 보고 체험했다. 국가적으로는 인구 감소가 큰 재앙이라고
한다. 하지만 여성들이 결혼과 출산을 필수가 아닌 선택으로 생각하는
것이 어느 정도 이해가 간다. 일 잘하고 똑똑한 여성들도 결혼하면 상사

나 남직원들의 눈치를 봐야 하고 집에 가서는 아이에게 늘 미안하고 돌봐주시는 분들에게는 죄인이 되고 있다.

국가가 아무리 일과 가정 양립을 지원하는 정책을 펼친다 해도 또 다른 여성의 손길이 없다면 여성이 사회생활하기가 현실적으로 어렵다. 왜냐하면 성실하고 자상한 남편이 드물고 보수적인 남성 간부들이 곳곳에 있기 때문이다.

얼마 전 내가 파견 와서 근무하고 있는 재단법인 ○○○○센터에서 직원 휴가 관련 '복무규정'을 개정했다. 내용은 ≪남녀고용평등과 일·가정 양립 지원에 관한 법률≫ 개정에 따라 우리 기관 배우자의 출산휴가를 5일에서 10일로 확대하는 내용이었다. 내가 제안 설명을 하자 이사님 중 한 분이 "현실적으로 이 제도가 있어도 남성들도 동료에게 폐를 끼칠까봐 활용하지 못하고 있다."고 말했다. 그러자 센터장님은 "우리 기관에 미혼 남녀가 많은데 제발 결혼을 해서 결혼 휴가부터 좀 갔으면 좋겠다."고 결혼 소식조차도 없음을 안타까워했다.

이처럼 결혼과 출산 소식이 귀한 세상이 되었다. 20~30년 전에는 배우자 휴가가 아예 없었다. 여성출산휴가 기간도 30~60일이었다. 내 선배 언니들은 30일도 못 쉬고 나왔다. 첫 근무지 면장님은 출산한 여직원

빈자리를 크게 느꼈다. "A여사! 출산한 지 삼칠일(21일) 지났으니까 나와야 되는 거 아냐?" 그 말을 잊을 수가 없었다. 그 후 처우가 많이 개선되었지만 나도 상사와 동료들에게 미안해서 출산휴가 종료 예정일보다 3일 정도 빨리 출근했었다.

그래도 내 또래의 여성들은 친정어머니, 시어머니 혹은 친정언니, 시누이 등 양쪽 집안 여성들에게 어느 정도 육아 도움을 받았다. 친정어머니들은 허리디스크로 애를 돌볼 수 없는 상황인데도 거의 전폭적인 희생을 해주셨다. 그런데 요즘 신세대 어머니들은 본인들도 일을 갖고 있다. 은퇴 후에도 취미활동 등의 이유로 손주를 돌볼 수 없는 상황이 되었다. 오히려 어머니들이 돈을 보태주면서 "다른 보모를 알아보거라."라고 하거나 "네가 육아휴직을 내거라." 하신다.

나의 경우도 두 아들이 중학교를 졸업할 때까지 약 15년 동안 수많은 여성들의 도움으로 직장생활을 유지할 수 있었다. 시어머니는 연로하셨고, 친정어머니는 언니 조카가 먼저 선점을 해서 나는 어쩔 수 없이 직장 상사 사모님께 많이 의지했었다. 큰아이가 초등학교에 입학할 무렵 도청에 발령이 났다. 사실 아이들을 돌보며 직장생활하기에는 남원이 유리했다. 가까이에 친정과 시어머니 그리고 친정언니가 계셨기 때문이었다.

그러나 나는 행정공무원으로서 승승장구하고 싶었다. 또 장기적으로 교육 환경이 남원보다는 전주가 좋았다. 남편도 남원 사람이 아닌데 나 때문에 계속해서 남원, 순창법원에만 근무하고 있어서 전주지방법원으로 옮기기를 원했다.

2004년 나는 도청 전입 시험에 합격했고 2005년 4월까지 남원에서 전주로 출퇴근을 했다. 전주로 이사 오기까지 시부모님께서 남원 집에 머무르며 아이들 유치원을 보내고 식사를 돌봐주셨다. 나는 큰아이 산후조리 때 한 달간 어머니와 갈등이 있었기에 조심조심 했는데 어머니께서 하루는 나를 혼내기 시작했다.

"너는 아들 교육을 어떻게 했기에 ○○이가 유치원 갔다가 집에 올 때, 할머니한테 인사도 안 하냐?"

"너는 집에 시어머니 계신다고 말하고 일찍 퇴근 못 하냐? 너희 집에는 애들이 좋아하는 음식만 있고 내가 먹을 만한 음식은 하나도 없구나."

나는 울컥했다. 남편은 눈치 없는 효자로 어머니 편이었다.

"우리 엄마가 우리 애들 보느라 많이 늙어버렸어."

집에서 5분 거리의 법원으로 정시 출퇴근을 하는 남편이 일찍 퇴근해서 부모님이랑 외식도 하고 도란도란 이야기도 나눴으면 얼마나 좋았을까? 남편은 어머니가 와 계시니 자신이 일정 부분 도왔던 육아와 가사를 완전 놓아버렸다. 더 안심을 하고 평소보다 더 늦게 귀가를 했던 것이다. 남원은 테니스의 고장답게 직장마다 테니스 동호회가 활발했다. 남편은 레슨도 받고 시합하는 재미에 푹 빠져 있었다. 나는 남편과 격일제로 퇴근 후 아이들 유치원이나 돌봐주시는 집에서 애를 데려오기로 합의한 바 있었다.

하루는 야근을 하고 집에 오니 아이들도 남편도 없었다. 알고 보니 법원 청사 테니스 코트장에 있었다. 남편은 라이트를 켜고 경기를 하고 있었다. 작은 애는 유모차 안에 누워 있었고, 큰아이는 주변에서 서성거리고 있었다. 운동을 하는 남편은 땀이 났겠지만 아이는 얼마나 추웠을까? 아니나 다를까 아이들은 바로 감기에 걸리고 말았다.

나는 나대로 30대 중반에 새치머리가 나기 시작했다. 남편을 괴롭히기 시작했다. 전주로 빨리 이사를 와서 내 출퇴근 시간을 줄이고 남편도 전주법원으로 인사 발령을 신청하는 것이 최선이었다. 나는 지인들의 도움으로 전주에서 살 집과 집근처 유치원과 놀이방을 구했다. 남편은 손 없는 날로 이삿날을 잡고 이삿짐센터도 예약했다.

＊ 이삿날 테니스대회에 출전하다니

평소 남편은 집안 행사를 잘 잊는다. 시어머니와 시누님들께서 귀한 장남에게는 집안일을 거의 부담시키지 않았고 모든 걸 준비하셨기 때문이다. 남편이 날짜감이 없다는 것을 시아버님 칠순 때 경험했다. 서울에서 내려오시는 시누님들이 생신 잔치 후 다음날 올라갈 표를 남편이 예매해서 시누님께 드리기로 했다. 결혼 후 장남 도리를 잘하고자 했다. 그런데 그 시누님 가족은 그 이튿날 입석으로 서울을 가셨다고 한다. 왜냐하면 기차표를 생신날로 예매했으니 다음날 상경하는 기차를 탈 수 없었던 것이다. 꼼꼼하지 못한 남편은 생일 날짜만 머리에 입력했기에 무의식중에 생일 날짜로 상경하는 표를 예매하고 말았다.

전주로 이사 오기 하루 전날 우리 집은 난리가 났다. 나는 중요한 짐을 싸느라고 바빴다. 그런데 남편이 이삿날과 '법원장배 테니스대회'가 겹쳤다고 말했다. 우승이 기대되어 포기할 수 없다고 했다. 한참을 싸웠다. 어쩔 수 없었다. 애들을 큰시누님 집에 맡기고 나 혼자 이사를 했다. 남들은 이사 갈 때 미운 남편을 빼놓고 간다는데 우리 집은 남편이 자진해서 빠진 셈이다. 이사를 다 마친 날 저녁 남편은 아이들을 데리고 전주 아파트를 잘 찾아왔다. 전주에서 아이들의 저녁식사는 초등학교 6학년 때까지 우리 집 맞은편 앞집 할머니가 차려주셨다. 방학 때는 점심까지 도와주셨다. 이렇게 아이들은 어려서부터 보모님, 선생님, 옆집할머니가 차려준 식사로 성장을 했다. 중학교 때부터는 햄버거와 치킨과 피자와 편의점 김밥으로 식사를 해결했다. 애들에게 평생 동안 미안한 마음을 떨칠 수가 없다.

가끔씩 나는 말한다.

"우리 애들이 결혼하면 손주들을 우리가 키워주자."
"애들한테 못해준 것 미안해서 손주에게는 꼭 잘해주고 싶어."

남편은 말한다.

"장담하지 마."

난 애틋한 모정으로 말했는데, 남편은 왜 말렸을까? 한 생명을 책임지고 보살핀다는 것이 어렵다는 것을 알아서일까? 내가 할머니가 되어서 "할아버지! 집에서 손주 좀 보시지요. 또 어디를 가시려구요?" 이렇게 바가지를 긁을까 봐 미리 걱정하는 것 같다. 나는 믿는다. 젊어서 내게 성실하고 자상한 남편이 아니었더라도 나이가 들면 자상한 할아버지가 될 것이라고.

07

마음속의 상처가 애정결핍을 만든다

* 남편 사주, 주변에 친구가 많다

"현재 보이는 면으로 한 사람의 일생을 자질하지 마라. 남편은 하늘이다. 하늘 개념을 명심하라. 하늘이라고 하면서 책임감을 부여하라."

1999년 2월초 결혼을 앞두고 친정언니와 내가 찾아간 운명철학관에서 들은 말이다. 철학자는 나와 남편이 결혼할 것으로 생각하고 평생에 남을 말을 내게 당부했다. 나는 그날 말씀을 메모지에 적어서 1999년도 가계부 맨 뒷면 여백에 붙여놓았다. 지금은 스마트폰에 저장해 놓고 한 번씩 보고 위로를 받는다. 그 점괘는 남편도 대체로 흡족해한다. 살아보니 거의 맞았다.

남편의 사주는 '주변에 친구가 많다. 재물 투기 기질이 있다. 교수, 강의 꿈이 있다. 건물 등기운 있다. 처복이 있다. 자손복 있다.'로 요약된다. 내 사주는 '똑순이다. 활동가다. 돈 욕심 버려도 먹고산다. 자손 경사운 있다. 본인 건강 조심하라.'였다.

나는 남편 사주를 들으면서 '주변에 친구가 많다'가 오래도록 마음에 걸렸다. 설마 여자 친구는 아니겠지? 정말 친구가 많았다. 선후배까지 합치면 어마어마했다. 다행히도 여자 친구들은 동창이나 동갑내기 사회 친구여서 편하게 지내는 정도였다. 남편은 매월 또는 매분기 단위로 그 많은 친구들을 다 만나고 다녔다.

최근에 빌린 남편 개업식장은 150명 규모였는데 꽉 차서 식사도 못하고 그냥 가신 분들이 많았다. 남편은 사회자가 손님을 다 소개할 수 없을 거라 판단하고 미리 PPT를 준비했다. 초등학교, 중학교, 고등학교, 대학교, 대학원, 카네기 클럽 등 여러 동창회와 동호회를 그룹별로 나눠서 멋지게 소개했다. 누군가 말했다.

"정치할 거냐? 책도 쓰고 축하객도 많고……."

사실 친구가 많다는 것은 좋은 일이다. 남편의 인생이 외롭지 않다는 말이기도 하다. 그는 상대의 말을 편안하게 들어주는 장점이 있다. 남편은 "아는 게 없어서 듣기만 한다."고 하는데 내가 보기에 잘난 체하지 않고 경청해주는 인품이 호감을 불러일으킨다. 그래서 친구들과 지인들이 자주 불러주고 편하게 생각하는 것 같았다.

그러나 이러한 남편의 폭넓은 대인관계가 신혼 초부터 21년간 나를 많이 힘들게 했다. 나를 외롭게 했고 때로는 우울증까지 초래했다. 사실 외롭게 자라기는 우리 집 두 아들도 마찬가지다. 외로워서 손으로 하는 예체능의 길을 중학교 때부터 빨리 찾은 것 같다. 아기 때는 내 직장 상사의 사모님들이 키워주셨다. 세 살부터는 놀이방, 유치원, 예체능학원, 국영수학원으로 빙빙 돌다가 9시경 부모가 퇴근할 때쯤 서로 상봉을 했다. 한마디로 아빠는 지인들과 네트워크로 늦었고 엄마는 야근이 많았다.

나는 결혼생활 내내 수도 없이 남편에게 "외롭다, 힘들다, 아프다."고 말했다. 위로받고 싶었는데 남편은 내게는 서운한 말이지만 정확히 진단한다. "당신이 너무 예민해. 애정 결핍증이 있는 것 같아. 일욕심이 너무 많아. 선택과 집중을 해서 일할 때 일하고 쉴 때 쉬어."라고.

나도 내 자신이 문제가 있음을 안다. 직장에 가면 애들 생각, 집에 오면 직장 일을 생각했다. 반면에 남편은 직장에서도 재미있게, 집에서도 재미있게 아이들과 잘 보냈다. 잠도 잘 잤다. 그는 술 마시는 날 빼고 평균 저녁 10시 안에 잠을 자고 새벽 4시에 일어나 아침시간을 아주 유용하게 보내고 있다. 그는 법원직 공무원으로 업무 특성상 민원인이 찾아오기 때문에 거의 출장이 없었다. 모든 걸 법대로 처리하기 때문에 나보다 한결 수월하게 일을 했던 것 같았다.

나는 지방자치단체 공무원이다. 지역 사회 발전을 위해 당연히 '적극행정, 현장행정'을 해야 했다. 법이 없거나 테두리 밖의 일은 법이라도 제·개정해서 지역을 잘 살게 하는 것이 최우선 책무였다. 부서에 따라 차이가 있지만 낮에는 수도권, 세종청사, 도내 사업 현장으로 출장을 다니고 저녁에 돌아와서 출장결과보고서를 작성한다.

또 이튿 날 아침 회의를 준비해야 해서 퇴근은 거의 밤 11시경이 될 수밖에 없었다. 그때부터 밀린 집안일을 하면 밤 12시 반이 된다. 지쳤음에도 내 인생에 의미를 찾고자 일기를 썼다. 그리고 『매일성경』 책을 보고 기도했다. 마지막으로 인터넷으로 내 업무 관련 키워드로 기사를 검색하고 새벽 2~3시에 잠을 잔다. 아침에 겨우 7시경에 일어나 허겁지겁 출근을 한다. 몸이 아파서 주말마다 새벽운동을 나간다. 일요일엔 너무 피곤해서 교회예배 시간에 많이 졸기도 한다. 이것이 내 생활의 전부였다.

* 나 엄지공주가 되고 싶어

주말이면 남편과 같이 쉬고 싶었다. 한 번씩 영화를 보러 갔다. 그는 코믹 액션영화를 좋아한다. 그래도 멜로영화를 좋아하는 아내 취향을 존중해서 동행하고 옆자리에서 잠을 잔다. 가끔씩 한국소리문화전당 뒷산을 산책한다. 아주 바쁘면 집 근처 커피숍에 같이 가서 책을 본다. 이것이 남편이 나와 같이 여가를 보내는 방법이다. 하지만 남편이 활동하고 있는 카네기 클럽은 주말에 행사가 많았다. 골프가 있거나 문화유산 답사가 있기라도 하면 나는 속이 부글부글 끓어올랐다. 혼자서 집안일 하며 남편을 기다리는 게 너무 싫었기 때문이다. 남편을 좋아해서가 아니라 지금 생각해보니 확실히 우울증 같았다. 2018년 가을, 크게 싸웠다. 남편이 제일 싫어하는 말을 새벽부터 쏟아냈다.

"도대체 내가 당신에게 몇 순위야? 내가 3순위 이하로 여지없이 밀려난 느낌이야."

"나 엄지공주가 되고 싶어. 나를 당신 호주머니 속에 넣고 좀 다녀줘."

"밖에서 돈과 명예를 좋아하는 사람들 만나면 나 같은 여자는 괴짜로 느껴지는 거야?"

"뭔가를 던지든지 나를 던지든지. 나는 정말 분해."

"우선순위 재정립이 어렵다면 우리 '같이' 할 수 없을 것 같아."

"나는 제발 '같이'를 원해."

"말해요. 무시하지 말고."

남편은 당연히 분노가 치밀어 올랐다 그러나 그의 인내심은 대단했다. 깍듯이 경어를 썼다. 아니 가장으로서 아주 단호하게 내 귀에 새기듯 말했다.

"미성숙한 자녀에게 관심을 갖고 보호해주는 것이 1순위에 있는 게 불만입니까?"

"내가 가족을 위해 열정을 갖고 도전하는 삶을 살고 있는데, 돈과 명예만을 추구하는 인간으로 취급하다니 화가 납니다."

"아무것도 하지 않고 당신만 바라만 보는 삶을 원합니까?"

"당신이 원하는 삶이 무엇입니까?"

"세상 사람들과 어우러져 살지 않고 오로지 가족과 일에만 파묻혀 사는 것이 전부입니까?"

"나는 그런 삶에 맞출 수가 없습니다."

"더 이상 다투는 것도 지쳐갑니다."

여기서 나는 꼬리를 내렸다. 남편 말이 백 번 옳았기 때문이다. 이후 남편은 자기 인생 로드맵에 더 충실했다. 틈만 나면 하나라도 더 배우고 자기계발에 몰입했다. 그리고 공직생활에 마침표를 찍고 여느 법무사와는 다른 '포도나무 법무사'와 '한국법무사코칭협회'를 창업했다.

나는 한 번씩 내 친구와 여성 동료들에게 안쓰러운 '여자의 일생'을 고백한다.

"내가 남편보다 직장생활을 8년 먼저 시작해서 인생 경기에서 앞선다고 생각했어. 그런데 21년 넘게 사는 동안 완전 역전됐어. 남편은 독서와 교육 그리고 인생 선후배와 꾸준한 교류를 통해 자신의 역량을 폭발적으로 키워나갔어. 나는 육아와 직장 일에 파묻혀서 현상 유지하기도 벅찼어. 오히려 후퇴한 느낌이야."

남편은 내 오랜 꿈이 작가가 되는 것임을 잘 알고 있었다. 어느 날 내꿈을 키워보라며 자신의 사무실 인테리어 비용을 줄여서 내게 큰 선물을 해줬다. 예비 작가에게 필수품인 큰 백팩, 노트북, 참고도서까지 많은 걸 사주었다. 나는 내 결혼생활을 조명해보기로 했다. 글을 쓰며 울고 웃는 나를 보며 남편이 흐뭇해한다. 남편은 어느새 내 인생 우울증과 애정 결핍증 치료 명의가 되었다. 내게 제대로 된 특효약을 처방한 것이다.

08

결혼은 세상에서 가장 큰 학교다

✷ 내 결혼을 깨고 싶지 않았다

결혼식 때 주례 선생님은 부부가 갖추어야 할 미덕 등 주옥같은 말씀을 준비하여 신랑 신부를 축복하고 인생에 보탬이 될 만한 교훈을 낭독한다. 대부분 신랑 신부를 잘 알고 계시는 은사님이 주례를 하신다. 나도 남편의 초등학교 선생님이 주례 말씀을 해주셨는데 긴장하느라 기억이 하나도 나지 않는다. 결혼 후 당시 유행했던 결혼·임신·출산·육아도서를 사서 보았다. 출산과 육아도서는 실제로 어느 정도 도움이 되었다. 그러나 나는 결혼해서 맞닥뜨릴 부부 갈등에 대해서는 전혀 준비가 없었다. 나는 말 그대로 실전에 투입되어 온몸으로 부딪혀가며 크고 작은 갈

등을 극복해나갔다. 결혼을 지켜나갈 지혜를 머리가 아닌 가슴으로 울며 배웠다. 텔레비전에 나오는 〈사랑과 전쟁〉은 나와는 거리가 멀었다. 드라마는 불륜이나 사기 결혼 등 결국에는 이혼에 이를 수밖에 없는 극단적인 사례만 나왔기 때문이다.

내가 신혼 초부터 애들이 초등학교 가기까지 약 10년 동안 싸운 최대 이슈는 바로 남편의 늦은 귀가였다. 밤 12시 넘어 들어오는 남편에게 나는 아파트 문을 안에서 걸어두어 열어주지 않았다. 그러면 남편은 술기운에 현관문을 발로 뻥뻥 찼다. 다음 날 출근할 때 엘리베이터에서 만난 주민은 "아이 정말 시끄러워서 잠을 못 자겠어. 이사를 가야 할까 봐." 하며 우리 부부에게 창피를 주었다.

한번은 술을 마시고 법원청사 뜰에서 잠깐 쉰다는 것이 거기서 잠을 자버렸다. 술 냄새와 달콤한 안주 냄새에 수많은 개미들이 남편 바지 속으로 들어와 밤새 물어 뜯겼던 일도 있었다. 이럴 땐 남편이 살아 돌아온 것만 해도 감사했다.

남편이 평소 술로 귀가가 늦으면 난 밤 11시부터 화가 난다. 밤 12시가 되기 전에 빨리 오라고 전화를 한 번 건다. 남편은 받지 않는다. 자정이 넘으면 협박성 메시지를 보낸다. 새벽 1시가 되면 '어디서 곯아떨어진 건

아닐까? 납치된 것은 아닐까? 혹시 음주운전 하는 건 아닐까?' 하며 별별 걱정을 한다. 남편은 언제나 늦게 와서도 당당하게 말한다. "같이 술 먹는 자리에서 아내가 전화로 보채는 사람은 나밖에 없다."고. 그러면 나도 말한다. "우리 사무실 여직원들 중에서 애 아빠가 날이면 날마다 술 먹고 늦게 들어온 사람은 나밖에 없다."고.

배우자를 다른 사람과 비교해서 말하면 그 누구도 좋아할 사람은 없다. 그런데 우리 부부는 이렇게 다른 배우자와 비교하는 실수를 자주해 버렸다. 서로 자기 가치관과 상황이 더 중요하다고 상대에게 강요했던 것 같았다. 사실 남편은 직장 입사 초기여서 동료나 상사와 교류시간이 중요하고 즐거웠을 것이다. 하지만 맞벌이 부부인 아내 입장에서는 남편과 함께 아이들이랑 오손도손 저녁시간을 보내는 것이 더 중요했다. 남편이 늘 함께할 수는 없어도 어느 정도 조정을 했으면 좋았을 텐데.

어느 날 밤, 나는 정말로 울적했다. 아파트는 7층이었다. 뒷 베란다로 나갔다. 세탁기가 돌고 있었다. 세탁기 위로 올라가 정말 뛰어내리고 싶었다. 술 마시고 들어오는 남편을 저녁마다 기다리는 게 내 일상이란 말인가? 한참 후 남편이 도둑고양이처럼 집에 들어왔다. 베란다에서 처음 나를 발견했을 땐 무척 놀라했다. 그러나 남편은 내가 애를 두고 뛰어내릴 독한 여자가 아니라는 걸 잘 알고 있었다. 남편은 "미안하다."고 말하고 "늦었으니 그만 들어가 자자."고 말한다. 나는 "안 들어가겠다."고 막 말을 하면서 울부짖었다. 인내심에 한계를 느낀 남편은 차키를 가지고 다시 나가버렸다. 홧김에 음주운전이라니. 나는 순간 정신이 바짝 들었다. 결혼생활이 이걸로 끝이고 뉴스거리가 될 것이 뻔했다. 나는 얼른 휴대폰을 들고 남편에게 전화를 걸었다. "내가 잘못했으니 들어오라."고 사정했다. 남편은 들어왔다. 나는 다음 날 아침 황태해장국을 끓여주었다. 남편이 잘못했다고 사과하는데 내가 적당한 선에서 물러서지 않으면 그는 이렇게 더 성질을 내거나 날 겁주곤 했다. 적반하장이었지만 나는 내 결혼을 깨고 싶지 않았다.

✱ 과감한 재테크로 부부 합심을 배우다

40대에 들어서는 정말 많은 일들이 벌어졌다. 남편의 관심이 주식 투자로 쏠린 것이다. 주식시장이 좋으니까 모든 적금, 예금, 보험금 등 현금을 총 동원하여 잘 굴리면 승산 있겠다는 생각을 했다. 남편은 내 명의로 된 아파트를 팔아서 주거는 월세 형태로 살고 우수 종목에 집중 투자하자고 했다. 나는 반대했다. 아파트 융자금을 매달 월급에서 원리금을 갚기 위해 근 10년을 고생했기 때문이다. 겨우 다 갚은 지 얼마 안 되어 나는 애착이 아주 컸기 때문이다. 우리는 절충안을 마련했다. 다시 아파트 반값에 해당하는 비용을 융자를 받았다. 대신 내가 직접 주식을 투자하기로 한 것이다. 처음에는 어느 정도 수익이 창출되었다. 그러나 변수가 많아서 일정치 않았다. 수익이 나든 안 나든 나는 꾸준히 주식을 팔아서 큰아이 레슨비를 부담했다. 그러다 보니 지금도 융자금은 내 채무로 고스란히 남아 있다.

남편의 재테크 노력은 좀 과감한 면이 있었다. 2014년도 전주 한옥마을이 급성장을 할 때였다. 지인들과 상가에 소액이지만 투자를 잠시 했었다. 전세금을 투자하고 수익금을 매월 배분하는 방식이었다. 처음에는 장사가 잘되어서 큰아들 골프 레슨비를 벌겠구나 하고 안심했다. 그러나 건축물 용도가 맞지 않아 영업을 지속적으로 할 수 없는 곳으로 뒤늦게 밝혀졌다. 나는 전세금을 돌려받기 위해 울며불며 나섰다. 그 전세자금은 오랫동안 내가 부은 수익성이 좋은 알짜배기 우체국 적금을 해약한 귀한 금액이었다. 나는 정말 화병이 날 정도였다. 지인들이 서로 돈을 벌자고 시작한 동업이었지만 건물용도를 꼼꼼하게 체크하지 못한 오류를 범했던 것이다. 남편은 워낙 절친들과의 동업이라 투자금을 돌려달라는 말을 못했었다. 내가 나서서 원금을 받았지만 나 또한 그분들과 평소 친하게 지냈기 때문에 마음이 오래도록 불편했었다.

나는 남편이 투자를 하고 싶다고 종자돈이나 목돈을 요구할 때 모질게 거절하지 않았다. 마음속 한편으로는 '그래. 이게 노다지일 수도 있잖아.'

라는 희망이 있었다. 그래서 돈을 건네곤 했다. 수익의 열매를 같이 나눴고 손실일 때는 같이 고통을 나눌 수밖에 없었다.

시댁 어른들은 우리 부부가 공직자로 검소하게 살면서 아파트 평수를 늘리거나 상가를 사기를 바랐다. 아이들도 평범하게 키우기를 원했다. 그 평범함이란 우리처럼 공무원의 길을 가게 하는 것이었다. 한 번씩 크게 버는 것은 좋지만 예기치 못한 일로 우리 부부가 어려움을 겪을까 봐 노심초사했다.

남편은 자신이 관심과 흥미가 있는 분야에 대해선 지독하게 공부하고 현장 상황도 중요시하는 사람이다. 그가 읽은 경영 도서도 5년간 500여 권에 달한다. 그러다 보니 어느덧 전문가가 되었고 대화가 논리적이고 설득력과 전달력이 있었다. 사실 공직 정년은 정해진 만큼 인생 2막은 언젠가는 준비해야 한다. 그가 빨리 준비했음을 오히려 나는 감사해야 한다. 남편이 확실한 계획이나 비전을 갖고 있으니 잘 되기만을 바랄 뿐이다.

이렇게 나는 남편과 21년 동안 결혼이라는 가장 큰 학교를 다녔다. 결혼 초기에는 술고래와 함께 살며 가정을 지키기 위한 '인내'를 배웠다. 자녀 성장기를 맞아서는 '부부 합심'과 '재테크'를 배웠다. 과감한 재테크 제안을 하여 당황하기는 했지만 남편은 나 몰래 독단적으로 실행하지는 않았다. 항상 나에게 의견을 구했음을 감사드린다. 순종을 유도하기 위한 남편의 고도의 전략일 수도 있지만. 중반기에 들어서는 컨설팅에 탁월한 능력이 있는 남편을 믿고 어떤 어려움이 있더라도 끝까지 같이 가겠다는 '동행과 기도'하는 마음가짐을 갖게 되었다.

앞으로 다가올 인생 후반부에서는 무엇을 배울지 기대된다.

명작 속의 완벽한 연인들

제인 오스틴 소설 , 『오만과 편견』

엘리자베스 (여) : 당신은 나의 정직함을 알지요. 면전에서 당신을 그렇게 무례하게 꾸짖은 사람이니, 당신 친척 앞에서도 얼마든지 그럴 수 있지요.

다시 (남) : 나는 확실히 당신의 비난을 받을 만했어요. 외아들이라서 이기적이고 거만하게 자랐어요. 그리고 나 자신을 남보다 우월하자고 생각하며 자랐어요. 만약 가장 사랑스럽고 아름다운 엘리자베스 당신이 내게 교훈을 주지 않았다면, 나는 계속 그렇게 살았을 거예요. 나는 그 때문에 당신에게 큰 빚을 지고 있어요.

2 장

사랑받는 아내가
알려주는 남편 사랑법

나는 남편을 얼마나 알고 있을까?

* 승진에 욕심 없고 낙천적인 사람

공무원은 누구나 승진하기를 원한다. 박봉이지만 급여도 오르고, 그간의 고생에 보답과 인정을 받아 자존감이 업 되기 때문이다. 나도 승진할 때마다 명예와 행복감을 느꼈다. 나는 지방직 9급에서 5급 사무관으로 승진하기까지 28년이 걸렸다. 매번 힘들었고 승진하기를 간절히 원했다. 우스운 표현이지만 승진 후보자에 해당되면 임신해서 애 낳는 것보다 더 조심하고 간절한 기다림의 시간을 보낸다.

나는 정말 거의 하루도 빠지지 않고 아침부터 저녁까지 열심히 일했다. 때로는 일요일 오후에도 출근하여 월요일 회의나 다음 주 행사를 준비했다. 남편은 내가 일벌레처럼 일하고도 제때 승진을 못 하는 걸 안타까워했다. 내가 승진할 때가 되면 애들도 잘 돌봐주고 가사일도 종종 도왔다. 반면에 남편은 자신의 승진에 욕심이 없었다.

평소 남동생 부부를 바라보는 시누님들은 못마땅해했다. 내가 출세 지향적이고 남동생은 승진에 욕심이 없고 낙천적이니 싫었던 것이었다. 거꾸로 돼야 가정이 편하다고 생각했던 것이다.

남편은 정년이 한참 남았는데도 지난해 연말 법원직 공무원을 졸업했다. 그는 7급 승진시험을 마친 후 퇴직하기까지 직장생활 내내 친구들과 놀거나 자기계발 하는 데 시간을 보냈다. 나는 이런 남편이 부러웠다. 최근 2~3년 사이 남편 동기들은 두 가지 길을 걷기 시작했다. 5급 사무관 시험을 준비하거나 명예퇴직을 하여 법무사 개업하기였다. 남편은 후자를 선택했다. 남편이 개업을 더 빨리 선택한 이유는 두 아들이 예체능의 길을 가게 되어 돈이 많이 필요했기 때문이다. 그러나 곰곰 살펴보면 이것은 대외 명분상 이유다. 사실 그는 오래전부터 경제적 자유와 풍요로운 삶을 원했다. 투자와 경영 도서를 읽고 카네기 클럽 활동을 하면서 공무원 마인드를 완전히 버리고 경영인 마인드를 갖게 된 것이었다.

교육과 독서만이 사람을 바꾼다고 했다. 또 그가 만나는 사람을 보면 그 사람을 알 수 있다고 했다. 남편이 그 좋은 실례다. 나이 마흔 들어서자 남편은 자기계발에 박차를 가하기 시작했다.

남편은 데일 카네기의 저서 『카네기 인간관계론』, 『카네기 행복론』을 읽는 걸 좋아했다. 책 한 권이 남편 인생을 완전히 바꿔버렸다. 얼마나 심취했는지 열 번 넘게 읽었다. 책이 너덜너덜 부풀어 올라 두꺼워졌다. 좋은 책 속에는 좋은 책들이 소개되어 있었다. 남편은 주식 투자로 번 돈으로 한 세트장 당 1백만 원가량 되는 커다란 대형 책장 두 세트를 주문했다. 거실에 텔레비전이 없어지고 두 면이 책장으로 채워졌다. 그것도 부족해 1년이 안 돼서 작은 방 한쪽을 또 책장으로 도배했다. 남편은 읽고 싶은 책이 필요하면 처음엔 내 '인터파크' 아이디를 이용했다. 내가 애들 어렸을 때 기저귀와 분유를 한 달 분량으로 '인터파크'를 통해 자주 주문했었다. 남편은 불편했는지 도서 전용 '예스 24'에 가입하여 늘 책을 주문했다. 일주일에 2~3번씩 10권 정도가 우리 집에 도착했다. 남편은 집이 무너질까 걱정했고 책 먼지를 걱정했다. 청소기를 사서 남편이 평소 하지도 않던 청소를 하기 시작했다.

점차 술자리도 줄고 애들한테는 공부하는 모습을 보여주니 나는 내심 좋았다. 책 한 권 값은 커피 두 잔에 케익 한 조각 값이어서 살림을 못 할 정도는 아니었다. 커피타임은 수다로 소모되지만 책은 우리 집에 남아서 나도 읽을 수 있었다. 애들도 한 번씩 만져 보아서 일거양득이었다. 이렇게 남편이 인문학 도서와 경제경영 도서를 독파하더니 어느 날 들떠서 내게 말했다. 행동하는 지성인의 첫 출사표였다.

"나 카네기 최고경영자 과정에 등록했어."
"그래? 언제 어디서 어떻게 배우는 건데?"
"일주에 두 번 저녁에, 사옥은 도청 근처에 있어."

남편이 저녁에 공부를 한다니 대환영이었다. 게다가 10대에 접어든 두 아들의 정서나 정신교육을 남편이 전담하는 덕을 보게 되었다. 큰아들은 중학교 1학년 때 사춘기를 심하게 겪고 있었다. 사고뭉치는 아니었지만 학교 담임 선생님도 우리 애를 이해하기 힘들어했다.

학교에서 내 폰으로 메시지가 날아오기 시작했다. "귀하의 자녀가 점심시간에 무단으로 외출을 하여 PC방에 다녀왔습니다. 벌점 1점입니다." 이런 종류의 메시지였다. 하루는 학교에서 호출했다. 우리 애가 전문적인 상담치료가 필요하다는 것이다. 공부하기를 싫어하는 줄은 알았지만 상담을 받아야 할 정도라니 충격이었다. 남편은 이런 상황을 카네기 클럽에서 알게 된 자녀 교육 전문가에게 상의했다. 곧바로 우리 큰애는 6개월 과정을 등록했다. 큰아이를 상담하는 강사가 "형제간에도 문제가 있어 보인다. 동생도 받는 게 좋다."고 하여 작은아이도 다른 선생님께 코칭을 받기 시작했다. 결과는 대만족이었다. 6개월 후 수료식에 참석했다. 두 아들에 대한 종합분석보고 시간이었다. 큰아들에 대한 보고서가 대형 스크린 화면에서 한 장 한 장 진행되고 있었다. 검정색 운동복을 입고 베드민턴을 치고 있는 모습이 보였다. 우리 애가 스매싱을 위해 하늘 높이 비상하는 장면이었다. 그 한 장의 사진이 내 마음에 각인되었다. 그것이 계기가 되어 큰아들이 골프선수의 길을 가게 되었다.

둘째는 코칭 기간 중에 김창옥 교수 강연을 들은 적이 있었다. 그 영향을 받아서인지 그 아이도 다른 사람들에게 감동을 주는 삶을 살고 싶다고 했다. 작은아들은 지금 거문고 연주자의 길을 가고 있다. 이렇게 남편의 카네기 교육이 인연이 되어 두 아들과 나는 낙수효과를 봤다.

그래도 최대 수혜자는 남편이었다. 그는 눈부시게 변했다. 6개월 과정 수료 후 카네기 클럽 동아리 활동을 다양하게 시작했다. 어느 날 그는 경제 동아리를 창단하더니 수강생에서 강연하는 위치로 갔다. 또 골프하는 아들 뒷바라지만 하는 게 아니라 지인들과 골프 경기를 즐겼다. 더 놀라운 건 음치였던 남편이 한국소리문화의전당 대형 홀에서 화려한 오케스트라와 함께 합창을 공연한 것이다.

* 내 남편인가? 카네기 사람인가?

이런 남편과 살면서 나는 이중적인 감정을 가졌다. 남편이 멋있는 남성으로 변해가는 것은 좋았지만 나는 한 번씩 화가 났다. 남편을 카네기 사람들에게 빼앗긴 느낌을 가졌다. 30대 때는 술로 집을 많이 비우더니 40대에 들어서는 카네기 클럽 사람이 되어버린 것이다. 햇수로 21년을 살아서 결혼생활은 길었지만 나하고 함께 보낸 시간은 정말 짧았다.

나는 집에 홀로 있는 시간에 외로움을 탔다. 내 외로움이라는 게 참 이상했다. 30대는 독박육아라는 괴로움에 가까웠고 40대 때는 내 삶이 즐겁지 않고 남편에게 처진다는 부러움에 가까웠다. 나는 직장에서 동료들과 여담 시간에 남편 이야기를 자주 하곤 한다. 속상했거나 즐거웠던 일 모두 다를. 그들은 내 남편을 만나기도 했다. 내 투덜거림을 듣고 나면 지인들은 내게 이렇게 답을 한다. 그중 한 50대 중반 언니가 한 말이 있었다.

"야, 네 남편이 대단한 거야. 네가 불평불만 갖는 건 이해하는데, 네가 네 남편을 너무 의지하는 것 같다. 지금도 좋아하냐?"

속으로 나는 뜨끔했다. 정곡을 찔려서다. 최근 6개월 동안 내가 남편 개업을 돕는 걸 지켜본 상사는 이렇게 말한다.

"나는 보다 보다 처음 봤어요. 중년 여성이 이렇게까지 남편을 좋아하고 위하는 것을요. 남편을 바라보는 눈빛도…….."

마지막 분의 말에 난 기분이 좋았다. 동시대를 사는 같은 중장년 남성이자 결혼 30년차 대선배님이 호평을 했으니까. 하지만 혹시라도 남편이 "그것은 사랑이 아니라 구속이었어요." 라고 말한다면 내 결혼생활은 정말 비참할 것 같다.

한편으로는 남편과 떨어져 있는 시간이 많아서 우리 결혼이 지속되어 왔다는 생각을 해본다. 성향이 다른 남녀가 같은 공간에서 오래 있다 보면 사랑을 나누기 보다는 상대에 대한 불평불만과 요구사항만 늘어날 것만 같다. 어쨌든 남편에 대한 내 생각과 느낌은 수시로 변한다. 좋았다가 싫어지고, 싫었다가 좋아지고…….

좀 더 살아봐야겠다. 남편에 대해 속속들이 잘 알 때까지.

02

시댁문제는 남편에게 말하지 않고 직접 해결한다

＊ 시어머니 일대기 영상에 담다

"사공이 많으면 배가 산으로 간다."는 말이 있다. 시어머니께서 생존하실 적에 선장님은 시어머니셨고 사공은 5녀 2남이었다. 남편은 여섯 번째로 태어난 장남이다 보니 대외적으로만 부선장이었다. 시댁 일로 내가 자주 겪은 애로사항은 결정된 사항이 번복되는 것이었다. 매번 힘이 빠졌다. '다시는 시댁 일에 나서지 않겠다.'라고 침을 꿀꺽 삼키기를 여러번 했다.

집안에 큰 일이 있으면 주말에 시댁을 방문해서 정성껏 상의했다. 그런데 합의 본 사항이 우리 집에 도착하자마자 전화가 울려서 번복되는 일이 많았다. 시어머니는 약 한 시간가량 다섯 따님들과 전화를 하는 동안 결심이 흔들려버린 것이다.

대체로 내용은 이렇다. 남편과 나는 '경사는 멋있게 화려하게 치르자.'를 주장한다. 어머니도 내 제안에 찬성하시곤 했다. 그러나 누님들께 전파하는 과정에서 다시 '경사는 검소하게'로 되풀이된다. 남동생 내외가 알뜰하게 살아야 기반을 빨리 잡는다는 좋은 뜻에서였다. 그때마다 나는 속으로 말하길 '막내 같은 남편은 아마 환갑이 되어서도 누님들 기에 눌려 아무것도 못 할 거야.'하고 실망한다. 좋은 행사를 위해 노력한 내 시간이 아까웠던 것이다.

2010년 11월초 시어머니께서 팔순을 맞게 됐다. 여러 의견이 나왔다. 나는 우리 부부가 챙길 테니 와주시기만 해달라고 했다. 시집와서 시아버님 칠순이나 시어머니 칠순을 항상 소박하게 차려 드린 게 맘에 걸렸었다. 그리고 "식구들끼리 모여 집에서 먹자." 이 소리가 나는 너무 싫었다. 고스란히 따라올 내 육체노동이 걱정됐기 때문이다. 남편도 행사의 달인인 나를 믿었다. 내가 준비할 테니 자금만 결제하라고 했다. 결혼 10년차가 되니 어느덧 내 목소리가 커졌다.

나는 당시 국제협력과에서 근무를 하고 있었다. 외빈을 맞이하는 행사를 치르곤 했다. 가장 한국답고 전주다운 장소를 찾아서 연회를 베풀었다. 시어머니 팔순 잔치에 적용하고 싶었다. 편리와 격조를 겸비한 S 한정식을 예약했다. 이 식당은 궁중 12첩 반상의 수라상을 현대인의 입맛에 맞게 테이블마다 풀코스로 제공하는 집이었다. 좌석은 입식 라운드 테이블이었다. 시댁어른들은 연로하셔서 무릎이 아프시다. 입식이 아주 딱이었다. 무대에는 오공도가 그려진 병풍이 있었고 빔프로젝트와 음향도 갖추어져 있었다. 나 어렸을 적 시골에선 부모님 회갑연 등에 밴드를 불러 흥을 돋우기도 했다. 우리 시댁은 좀 점잖은 편이이었다. 난 좋은 이벤트가 없을까 하고 궁리를 했다. 시댁에 가서 옛 앨범을 펼쳤다. 시부모님 두 분이서 젊었을 적 사이좋게 찍은 사진, 큰집과 작은집이 모두 모여 성묘 후 찍은 것, 나와 손주들까지 포함된 여러 가족사진들이 보였다. 괜찮은 사진 50장이 모였다. 기획사는 사진을 하나하나 스캔 받는 데 시간이 걸렸는데도 나의 효심에 반했는지 즐겁게 작업해주셨다. 배경음악으로 조수미의 〈10월의 어느 멋진 날에〉와 컬투의 〈사랑한다 사랑해〉를 삽입했다. 두 편을 제작하여 생신날 상영했다. 대환영이었다. 첨단 기기를 활용하여 과거 추억을 복원한 최고의 선물이 되었다. 며느리인 내가 봐도 한 여성의 가족 일대기가 펼쳐지니 가슴이 뭉클했다.

언젠가 동향인 남자 선배가 "상사를 수행하는 정성의 10분의 1만 시골

부모님께 하여도 효자소리 들을 텐데……." 라고 말을 한 적이 있었다. 그 말에 나도 많이 공감했다. 공직자들은 출장지를 갈 때 자차에 수시로 상사와 동료를 태우고 현장에 가는 일이 많았다. 그런데 집에서는 바쁘다는 핑계로 부모님을 거의 모시질 않는다. 시골어른들은 명절이나 제사가 되면 시장에 가서서 여러 제수용품을 사신다. 보따리를 양손 가득 무겁게 들고 버스정거장까지 걸어가며 몇 번을 앉았다 쉬었다 하시는지 생각만 해도 서글프다.

시어머니는 팔순을 쇠시고 3년 후에 돌아가셨다. 지난해 가을, 기일을 맞아 남편과 나는 시부모님 산소에 갔다. 남편은 다른 해 기일 때보다도 산소에 오래도록 머물렀다. 아마도 둘째 시누님이 암투병 중이라 마음이 더 울적했던 것 같았다. 또 명예퇴직을 결심했으니 어머니께 죄송한 마음이 들었던 것 같았다. 어머니는 누구보다도 남편의 공직생활을 자랑스럽게 생각하셨던 분이었다.

나는 남편의 뒷모습을 보자니 마음이 아려왔다. 7년 전 시어머니는 암투병 하시다가 돌아가시기 전 3주간 의식을 잃으셨다. 병상은 시누님이 주로 지켰었다. 우리 부부는 평일이면 출근하고 주말이면 찾아뵀다. 2012년 11월 12일 월요일 점심시간에 남편에게서 전화가 왔다. "엄마가 돌아가셨어." 남편은 울면서 전화했다. 나도 눈물이 핑 돌았다. 시어머니는 내 남편을 당신 목숨보다 아꼈던 분이셨다. 남편은 한 달 넘게 눈이 빨갛게 충혈되었었다. 어느 날은 "난 고아가 됐다."고 말했다.

해가 어둑해지도록 남편이 산소에 머물자 나는 남편을 위로해주고 싶었다. 문득 어머니 팔순 때 만들었던 가족 영상물이 떠올랐다. 얼른 내 핸드폰으로 그 영상을 찾아서 남편에게 공유했다. 남편은 한참을 보고 또 봤다. 그리고 7남매 단체 카톡방에 올렸다. 그날 누님들도 도련님도 오래도록 시어머니를 추억했다고 했다.

＊ 시댁 문제가 아니라 내 남편일 내 일이다

시어머니는 돌아가시기 전에 큰아들에게 큰 선물을 하고 싶어하셨다. 돌아가시면 모든 재산이 자녀들에게 N분의 1로 상속된다는 것을 알고 계셨다. 남편에게 2천만 원을 송금해주셨다. 그 돈은 시누님들이 명절 때나 생신 때 주신 용돈으로 모아진 돈이었다. 철없는 우리는 받았다. 시어머니가 주신 돈으로 만성동 법조타운부지 땅을 사둘까도 잠시 생각했었다. 땅을 사기에는 적은 돈이었고 바로 살 수도 없었다. 돈이 통장에 있으면 남편이 주식을 사게 될 것 같았다. 의미 없이 사라질 것만 같아 걱정도 되었다. 그때쯤 남편 자동차는 자주 고장이 났다. 나는 바로 남편에게 차를 사자고 말했다. 통 큰 남편은 그랜저를 바로 샀다. 우리 형편에 정말 과분한 새 차였다. 병원에 입원 중이셨던 어머니는 뭔가 예감이 있으셨는지 "고구마를 캐야 한다."며 기어코 시골집을 가자고 하셨다. 남편은 외부 일정이 있어서 전주에 없었다. 나는 새 차라서 부담스러웠지만 어머니와 휠체어를 싣고 시골을 다녀왔다.

오랜 시간이 지난 지금 그때 그랜저로 시어머니를 한 번 모셨다는 생각에 한 번씩 목이 메인다. 우리는 시어머니 유품처럼 그 자동차를 지금까지 잘 관리해오고 있다. 20년 전 산후조리 때 호되게 혼났던 일은 서운했지만 시어머니는 물질적으로나 마음으로나 엄청나게 우리 부부를 챙겨주셨다. 시어머니의 마음은 시누님들에게도 고스란히 전해졌다. 돌아가신 뒤 유산 상속 회의가 있었다. 시누님들은 부동산을 모두 포기했다. 오직 논에서 나오는 곡식만 가을이면 함께 나눠드시기로 했다.

솔직히 남편과 나는 장자로서 특권만 누리고 의무는 다하지 못했다. 시누님들은 시어머니를 지극 정성으로 공경했다. 우리는 우리 사는 것에만 더 열심이었다. 나는 시어머니가 돌아가시자 큰며느리로서 도리를 잘 해야겠다고 마음먹었다. 명절과 모든 제사를 전주로 모셔왔다. 제수를 최고로 좋은 걸로 준비하기 위해 새벽 5시에 전주 남부시장에 가곤 했다. 시어머니께서 하셨던 것처럼 닭 머리 벼슬을 세우고 입에 여의주를 문 형상을 만들어 제사상에 올렸다. 설과 추석 명절 때는 빠지지 않고 정관장 매장을 방문한다. 시댁어른들과 남편 외가에 드릴 선물을 고른다. 남편이 명절 일주일 전에 친지어른들을 찾아뵙도록 한다. "뒤늦게 낳은 아들이 어른을 공경할 줄 알고, 참 반듯하게 컸어." 이 소리가 시어머니 귓전에 들리기를 바라기 때문이다.

결혼해서 겪게 되는 크고 작은 일을 시댁 문제로 혹은 남편 일로만 생각하는 순간 내가 남이 된다. 남은 주인의식이 없다. 방관자가 된다. 그러면 나와 남편도 남이 되는 것이다. 지난 세월 의견 수렴이 잘 안 될 때는 속상하긴 했다. 하지만 시댁과 관련된 일은 언제나 내 남편일이자 내 일이어서 회피하지 않았다. 아니 때로는 남편을 대신해서 앞장서기도 했다. 요즘은 카카오톡이 있어서 좋다. 지금 남편은 부선장이 아니라 시댁을 대표하는 선장이다. 민주적 절차에 따라 의견 수렴을 잘하고 있다. 위급할 때에는 장남으로서 영향력을 발휘한다. 이제 내가 할 일은 부선장으로서 내조를 잘하면 된다.

때로 의도적인 스킨십을 하라

✻ 도깨비야 우리 부부 훼방하지 마라

가끔 '내가 푼수인가?'라고 생각할 때가 있다. 내 독사진보다는 남편과 사이좋게 단둘이 찍은 사진을 카카오톡 프로필에 올린다. 내가 가장 아끼는 사진은 지난해 가을 남편과 '완주와일드푸드' 축제에 가서 찍은 사진이다. 카네기 클럽이랑 같이 갔다. 나보다 연세가 높은 회원분들이 많았다. 주말에 남편을 자주 불러내는 것이 미안했는지 남편에 대해서는 특별히 동부인을 허락한다. 난 거의 따라다니고 있다. 준회원이 된 느낌을 받는다.

그날 사진은 완주군청 K국장님이 찍어주셨다. 평소 우리 부부를 많이 아껴주시는 분이다. 사진배경이 재미있다. 도깨비가 새총을 겨냥한 순간 새와 곤충들이 놀라 황급히 도망가는 만화그림이다. 그 가운데 우리가 서니 마치 도깨비가 금슬 좋은 우리 부부를 훼방하는 것 같았다. 주인공인 남편과 나는 각각 한손에 아이스커피 잔을 들고 서서 찍었다. 나머지 한손은 서로의 허리를 감싸고 있었다. 내 허리를 감싼 남편 손 느낌이 떠올라 오래도록 행복한 기분이 든다. 언젠가부터 남편은 사진을 찍을 때마다 내 허리를 감싼다. 난 너무 좋다. 우리는 살면서 서로를 껴안거나 손을 잡고 걸을 시간이 거의 없었기 때문이다.

우리는 중매결혼이었고 교제 기간도 거의 없었다. 프러포즈 없이 결혼한 것이 한이 맺힐 정도다. 웨딩포토는 사진관을 하시는 친정 작은아버지가 찍어주셨다. 그러니 연출된 애정 표현 사진마저도 없었다. 꽃샘추위가 있어서 추웠고, 작은아빠를 의식하다 보니 그냥 어깨만 나란히 하는 수준의 사진이었다.

결혼식을 마치고 제주도 C호텔에 도착했다. 도착하자마자 호텔 측 사진사는 기념사진을 찍어준다고 했다. 남편은 내 어깨에 처음으로 힘차게 손을 얹고 찍었다. 남편은 호텔방을 엄청 기대했었는데 방이 좁고 화려하지 않다고 평했다. 나는 속으로 '이 남자, 혹시 호텔 많이 와 본 것 아나?'했다. 내게는 작고 아담하고 좋은데. 나는 올림머리를 혼자서 도저히 풀 수가 없었다. 결혼 당일 미용실에서 내 단발머리를 강력한 스프레이를 뿌려서 수많은 핀으로 장식했던 것이다. 한참을 남편이 뽑아주었다. 고드름처럼 딱딱한 머리카락을 하고 잘 수가 없어서 머리를 감고 잠을 자게 되었다. 남편은 엄청 서둘러서 첫날밤을 치렀다.

다음 날 아침은 3월 14일 화이트데이였다. 남편은 꽃다발을 사주었다. 처음 받았다. 여기저기 구경을 다니며 신혼여행을 마치고 돌아왔다. 신혼여행을 다녀오자마자 시댁에서 제사를 지내고 남은 3일간의 휴가는 온통 신혼집 살림을 넣기에 바빴다. 갑작스런 결혼으로 신혼집을 결혼 후 마련한 것이다.

결혼휴가가 끝나자 바로 주말부부가 시작되었다. 주말엔 시댁을 다녀오다 보니 둘만의 오붓한 정을 나눌 시간이 거의 없었다. 운전할 때도 안전운행이 더 중요했다. 또 허니문 베이비가 생겨서 부부 사랑을 진하게 나눌 기회가 원천적으로 봉쇄되었다. 첫아이가 태어나니 주인공은 당연히 아이가 되었다. 남편도 나도 서로를 안기보다는 아기를 안거나 업는 일이 더 중요했다. 아이 첫돌 무렵 남편과 시댁에서는 둘째를 원했다. 직장을 다니며 아이를 키우는 게 어려웠다. 결혼 전 다녔던 행정대학원은 겨우 수료만 하고 석사논문은 아예 포기했다. 큰아이에게 쏟는 사랑을 둘째와 나누면 큰아이가 너무 안쓰러울 거라는 생각도 들어서 나는 둘째를 갖고 싶지 않았다. 그런데 갑자기 큰아이가 평생 외롭게 살 것을 생각하니 마음이 변했다.

둘째를 낳았다. 남편과 나는 더 바빠졌다. 출근할 때는 잠이 덜 깬 아이들을 정말 물건처럼 유치원과 놀이방에 데려다주고 늘 뛰어다녔다. 이런 생활의 반복이었으니 둘 사이의 친밀한 스킨십은 거의 없었다. 셋째가 태어날까 봐 남편과 잠자리를 할 때면 나는 늘 긴장을 할 수밖에 없었다. 남편이 심사숙고 후 큰마음을 먹고 피임수술을 해주었다. 그 후부터는 조금 더 행복한 부부생활을 가질 수 있었다.

육아와의 전쟁시간인 30대가 저물어가고 둘 다 40대가 되었다. 나는 직장생활에 올인 하게 되었고, 남편은 독서와 카네기 클럽 활동을 통한 자기계발에 열중하였다. 나는 감사실에 근무하면서 밤에 부동자세로 야근을 많이 했다. 소화가 안 되었고 계속해서 아랫배가 불러왔다. 식곤증이 올까 봐 저녁식사를 안 해도 배가 불러왔다. 너무 불편해서 고무줄 바지를 입을 정도였다. 생리 때는 엄청나게 하혈을 했다. 여성호르몬이 활발해서 그런가 보다 했다. 건강검진을 했다. 자궁에 큰 혹이 있었다. 수술을 바로 해야 한다고 했다. 빈혈도 심해서 수혈을 받거나 조혈제 주사로 혈색소를 올려야 했다. 눈앞이 캄캄했다. 평소 주말마다 테니스운동을 하고 있어서 거뜬하게 야근한 체력인데 이게 웬 날벼락인가? 수술을 하고 한 달간 병가를 내었다. 내 삶을 돌아볼 시간을 갖게 됐다.

✻ 단 20초라도 살며시 안아준다

나는 인생의 답을 교회에서 찾기 시작했다. 그즈음 우리 애들이 친구 따라 교회를 재미있게 다니고 있었다. 큰애 친구 부모는 장로님과 권사님이었다. 아들 친구의 어머니는 여성장애인합창단을 지휘할 정도로 정이 많으신 분이다. 내가 아픈 것을 아시자 안수기도를 받게 해주었다. 또 암투병 중인 P언니를 돕고 있었다. P언니는 내 대학 선배이자 도청 동료였는데 당시 휴직 중이었다. 그녀는 "승진을 갈망하는 것은 부질없다."며, "좋은 말씀 듣고 열심히 신앙생활 하자."고 했다. 내가 불교에서 기독교로 개종하게 된 것은 전적으로 이 두 분의 기도 덕분이었다.

수술을 마치고 첫 예배를 보러가는 날이었다. 자동차 바퀴 굴러가는 것이 내장에 고스란히 느껴져서 놀랐다. 수술 후 장기가 제 위치를 잡기까지 많은 시간이 걸렸던 것이다. 겁이 많은 나는 직장선배들의 만류에도 불구하고 직장 일을 쉬고 10개월간 장기 교육에 들어갔다. 교육 기간 중에 성경을 통독하게 되었고 J라는 전산강사를 알게 되었다. 그녀는 무척 감성이 풍부했다. 수강생이 졸기라도 하면 강의실 스크린에 유튜브로 화면을 가득 띠우고 음악 감상시간을 가졌다. 2014년 가을 노사연의 신곡 〈바램〉이 발표된 지 얼마 안 되었을 때다. 나는 수업시간에 그 노래를 처음 들었다. 가슴이 뭉클했다. 그 노래는 찬송가처럼 성스럽게 느껴졌다. 지금도 그 노래를 들으면 소리 높여 온 정성을 다해 따라 부른다. 내가 제일 공감하는 부분은 이 소절이다.

"큰 것도 아니고, 아주 작은 한마디, 지친 나를 안아 주면서 사랑한다. 정말 사랑한다는 그 말을 해준다면 나는 사막을 걷는다 해도 꽃길이라 생각할 겁니다. 우린 늙어가는 것이 아니라 조금씩 익어가는 겁니다. 우린 늙어가는 것이 아니라 조금씩 익어가는 겁니다. 저 높은 곳에 함께 가야 할 사람 그대뿐입니다."

이 노래는 중년뿐만 아니라 젊은 학생들도 좋아하는 것 같다. 바라는 것은 있지만 뜻대로 되지 않을 때, 세월의 무게가 느껴질 때 위로가 되는 노래다. 이 노래를 부른 노사연은 남편 이무송과 함께 잉꼬부부로 알려져 있다. 그들의 '부부 십계명'은 방송에도 소개되어 나를 미소 짓게 한다.

2020년 새해 들어 우리 부부는 황금기를 보내고 있다. 큰아들은 군복무 중이고 남편은 집근처에서 법무사 개업을 했다. 나도 집과 가까운 유관기관에서 파견근무 중이어서 마음만 먹으면 얼마든지 남편과 함께 시간을 보낼 수 있게 되었다. 여전히 나는 야근이 습관이 되어 밤늦게 집에 온다. 새벽형인 남편은 항상 먼저 꿈나라에 가 있다. 서로 얼굴을 볼 시간은 주 3일, 남편의 새벽 일정이 없는 월, 수, 목요일 아침 6시다. 일상에서 필요한 대화는 수시로 낮에 전화하거나 카카오톡으로 한다. 아침에 남편이 보이면 나는 살며시 다가가서 그를 안는다. 든든함과 따뜻한 체온을 느끼고 하루를 살 힘을 받기 위해서다. 길지도 않다. 단 20초나 될까?

명작 속의 완벽한 연인들

『구약성경』, 「아가」

솔로몬 (남편) : 내게 입맞추기를 원하니 네 사랑이 포도주보다 나음이로구나 네 기름이 향기로워 아름답고 네 이름이 쏟은 향기름 같으므로 처녀들이 너를 사랑하는구나
술람미 여인 (아내) : 왕이 나를 그의 방으로 이끌어 들이시니 너는 나를 인도하라 우리가 너를 따라 달려가리라 우리가 너로 말미암아 기뻐하며 즐거워하니 네 사랑이 포도주보다 더 진함이라 처녀들이 너를 사랑함이 마땅하니라

배려는 사랑을 낳는 거위와 같다

* 우리 집을 어떻게 남의 손에 맡기냐?

우리 부부는 뜨거운 사랑보다는 배려로 긴 세월을 살아왔다. 남녀 사이의 사랑이 막 뜨겁다가 갑자기 훅 식을 수 있는 거라면, 부부간에 배려하는 마음은 점점 깊어가는 것 같다.

나는 어려서부터 청소하는 데 소질이 없었다. 정리를 못하고 늘어놓고 살아서 친정엄마로부터 야단을 많이 맞았다. 같은 방을 썼던 여동생도 "작은언니 땜에 못살겠다."며 엄마에게 이르곤 했다. 결혼해서도 청소기를 거의 돌린 적이 없다. 내가 방 걸레를 드는 날은 명절이나 제사 후다.

남편이 차례를 마치자마자 도련님이랑 성묘를 바로 가기 때문에 내가 치운다. 방이나 거실이 음식으로 찐득거리는 것만큼은 나도 참을 수 없기 때문이다. 내가 잘하는 집안일은 빨래를 철저히 분리세탁하고 좋은 옷은 꼭 세탁소에 맡긴다는 점이다. 이 점만큼은 남편도 인정하고 동네 세탁소 사장님도 인정할 정도다.

결혼 후 남편이 신혼집에 가져온 옷은 거의 없었다. 젊은 날을 수험생과 아르바이트생으로 살았기에 트레이닝복과 양복 한 벌이 전부였다. 나는 틈나는 대로 와이셔츠와 자켓을 사주었다. 그런데 바지가 문제였다. 옷가게 직원들이 골라주는 9부 바지나 달라붙는 바지는 남편에게 전혀 안 어울렸다. 남편의 상체는 골격이 큰데 다리는 호리호리한 롱 다리였다. 그러니 가분수로 보인다. 결국 남편은 캐주얼 복장보다는 신사복 코너로 갈 수밖에 없었다. 통이 넓은 정장바지만 잘 어울렸다. 신혼예복이 인연이 되어 평생 J회사 G브랜드 제품만 입게 되었다. 신혼 때는 남편 와이셔츠를 손으로 빨아서 다리는 것이 내가 가장 많이 한 집안일이었다. 아기가 태어난 뒤부터는 화상이 우려되어 이후 세탁소에 의뢰했다. 나는 직장에서 많은 남성들과 함께 일하고 있는데 가끔씩 당황스러울 때가 있다. 주말부부인 남성들 옷은 어딘가 모르게 달라 보였다. 티셔츠는 티가 안 났지만 와이셔츠는 확실히 구겨져 있었다. 당신들이 직접 세탁기에 돌려서 건조만 해서 입고 다녔기 때문이다. 때로는 땀 흘린 뒤 늦게

빨고 제대로 바싹 건조시키지 않아서 쉰 냄새가 났다. 내 남편만큼은 그렇게 보이고 싶지 않았다. 항상 다려진 와이셔츠와 자켓 그리고 신사복 정장바지 차림으로 내 보냈다. 남편이 베스트 드레서로 인정받게 됐다고 내게 감사를 표할 때가 있었다. 아내로서 작은 보람이기도 하다.

옷은 내가 입히는 대로 잘 따라준 남편이 유일하게 거부하는 것이 있다. 바로 저녁에 안 씻고 자는 것이다. 평소 나보다 일찍 자고 있어서 나는 오래도록 몰랐다. 냄새가 나면 술 마시고 와서 그러려니 했다. 그런데 양치만 하고 자는 것이었다. 남편 얼굴은 피부가 여리다 못해 약하다. 평소 기초화장을 하고 썬크림을 바르고 다닌다. "안 지우고 자면 그대로 때가 돼. 주근깨가 생길 거야." 협박을 해도 듣지 않는다. 오히려 내게 말하길 "늘 씻고 자는 당신이 더 아프더라." 한다. 이렇게 남편 습관을 못 고치다 보니 남편이 베고 잔 베개는 항상 누렇다. 표백제를 바르고 세탁을 해도 도로 마찬가지였다. 좋은 방법을 생각했다. 베개에 시트처럼 수건을 깔아주고 자주 갈아주었다. 이후로 나는 세수 안 하고 자는 것에 잔소리를 하지 않게 되었다. 남편도 내가 집안일을 잘 못하는 걸 눈감아준다. 신혼 때부터 아기 기저귀가 가득한 쓰레기봉투와 음식물쓰레기 버리는 것을 도맡아 해줬다. 한번은 아침 일찍 버리고 오더니 "쪽팔려서 혼났다."는 것이다. "왜?"라는 질문에 대답하기를, 아침에 엘리베이터를 탔는데 남성들이 모두 출근하는 길이어서 자신이 백수처럼 보였다는 것이었다. 이후 나는 늦은 저녁이나 주말에 쓰레기를 같이 버리고 있다. 지금껏 잘해준 남편이 고맙기만 하다.

지금은 아이들이 다 자라서 집안일이 많이 줄었다. 아이들 성장기 10년 동안은 정말 엉망진창이었다. 퇴근 후 집에 들어가면 숨이 막힐 정도였다. 아이들에게 짜증을 내곤 했었다. 사실 나도 문제였다. 씽크대에 설거지를 쌓아놓고 살았다. 욕실엔 머리카락이 뭉쳐 있기도 했었다. 베란다 유리문은 아이들 손가락 자국이 가득했다. 식탁엔 먹다 남은 치킨들이 있었다. 결국 우리 집엔 사람보다 개미가 더 많게 됐다. 참을 수가 없었다. 나는 이런 상황을 동료에게 털어놓았다. 자신도 그랬다며 해결 방법으로 가사도우미 언니를 소개해주었다. 처음엔 내 제안에 남편은 펄펄 뛰었다. "우리 집을 어떻게 남의 손에 맡기냐?"는 것이었다. 귀중품 분실을 우려하는 차원이 아니라 너무 지저분하게 사는 꼴을 보이기가 싫었던 것이었다. 나는 "청소할 시간도 없고, 잘하지도 못하고 이대로 방치할 수가 없다."고 사정을 했다. 남편의 허락을 겨우 받아 주 2회 오시라고 했다. 도우미 언니도 우리 집은 "너무 엄두가 안 난다"고 힘들어하셨다. 비용을 조금 더 드리게 됐다. 그러나 그것도 잠시였다. 애들 예체능 사교육비는 점점 너무 많이 들게 되었다. 도우미 언니 부르는 걸 포기했다. 이후 남편은 로봇 청소기를 샀다. 청소기가 스스로 청소하는 시간에 남편은 설거지를 해줬다.

* 시어머니 살아계셨다면 깜짝 놀랄 일

살면서 남편이 점점 더 자상해졌다. 나는 마트에서 시장 보는 것을 좋아한다. 그런데 집에 늦게 오니 요리할 시간이 거의 없었다. 드디어 남편이 쉐프가 되었다. 네이버를 검색하더니 요리를 척척 해내는 것이었다. 애들도 맛있다고 했다. 고기도 잘 구웠다. 후라이팬까지 소주로 깔끔히 닦아낸다. 나는 겨우 상추나 깻잎만 씻는 정도다. 시어머니가 살아계셨다면 깜짝 놀랄 일이다. 결혼 초기 명절 때 시댁에서 친척들 밥상을 물리고 나면 설거지가 산더미일 때가 많았다. 남편이 내게 미안했는지 부엌으로 들어온 적이 있었다. 그러나 시어머니의 "집에 여자가 몇인데?" 그 한마디에 남편은 시댁에서는 한 번도 설거지를 하지 않았다.

나는 빈혈이 심해서 오랫동안 서 있는 일을 못하는 편이다. 설거지를 하다 보면 무릎에 기운이 빠지는 것을 느끼곤 했다. 그래서 설거지를 방치하곤 했다. 그래도 사무실에선 지독하게 일하고 장거리 운전을 하며 출장을 다닌다. 정신력으로 버틴 것 같았다. 그러니 집에 오면 완전 파김치였다. 과로하면 두통과 급성 방광염이 올 정도였다. 병원에 가면 의사가 철분제 섭취와 충분한 수면, 충분한 수분 섭취라는 처방을 내린다. 결국 한 달에 상당한 치료비와 약값이 들어가고 있다. 최근에는 남편이 개업한 사무실 옆에 주 2회 육사시미를 판매하는 곳이 생겨 저렴한 가격으로 먹고 있다. 그래도 육사시미는 사먹기엔 부담스러운 가격이다. 그런데도 남편은 빈혈이 아주 심할 때는 일부러 유명한 정육점에 가서 10만 원어치가량을 사오곤 했다. 그리고 질릴 텐데도 내가 순대국밥, 선지국밥을 먹어야 한다고 하면 기꺼이 동행해준다.

생각해보니 내가 아내로서 남편에게 잘 대해준 것은 남편 옷을 골라주거나 세탁소를 통해 와이셔츠를 잘 다려준 것이 전부다. 오히려 남편은 만성빈혈로 고생하는 아내를 위해 청소와 요리는 물론 외식까지 나를 많이 배려해주었다. 나는 내 몸과 마음 아픈 것만을 생각했다. 결혼 초기 남편이 술로 늦게 귀가해서 내게 독박육아 씌운 것을 내가 너무 오래도록 기억한 것이다. 정말 미안했다. 내게 잘해준 것이 훨씬 많았음에도 서운했던 일만 생생하게 기억한 내가 부끄럽다.

뒤늦게라도 내가 남편에게 감사하는 마음을 갖게 되어 다행이다. 아내 건강을 생각하는 마음, 내가 직장에서 잘되기를 바라는 마음을 고스란히 느끼고 있다. 남편이 나를 있는 그대로 인정하고, 내 편에서 이해하고 마음을 써주는 깊은 배려심에 감사드린다. 나도 남편에게 그런 사람이 되어야겠다. 배려는 사랑한다고 백 번 말하는 것보다 배우자에게 더 큰 감동을 불러일으켜 주는 것 같다.

05

내 진심을 솔직하게 자주 표현하라

✳ 소크라테스에겐 악처가 필요하다

공직자를 남편으로 둔 아내의 소원은 뭘까? 초고속 승진? 아니다. 큰 과오 없이 무사히 정년퇴직하는 것이다. 퇴직에 임하는 공직자 당사자들도 청내 포탈에 석별편지를 쓸 때 '무사히 공직을 마무리할 수 있도록 도와준 동료들에게 감사드린다.'며 소감을 표한다.

나는 남편의 공직 첫 시작과 끝을 지켜봤다. 남편이 공직에 빨리 적응하고 직장에서 인정받기를 바랐던 것이 엊그제 같은데 정말 지난 20년이 훌쩍 지나가 버렸다. 남편은 항상 즐겁게 행복하게 직장을 다녔다. 나처럼 꼭두새벽에 나가서 밤늦게 야근하는 일이 거의 없었다. 남편이 아침에 집 나갈 때 하는 말은 "오늘은 시골 친구들 모임이 있어."라고 말했고, 저녁에 들어와서는 "스터디 마치고 차 한잔 했어."라고 말하곤 했다.

반면에 나는 출퇴근 할 때 "오늘은 국회에 간다.", "확인평가를 받았다."며 식구들을 긴장시키곤 했다. 큰아들이 우리 부부랑 편하게 대화할 나이가 됐을 때 이런 말을 한 적이 있다.

"나는 어렸을 때 아빠가 백수인 줄 알았어. 엄마는 일찍 나가고 늦게 들어오는데, 아빠는 회사 이야기도 안 하고 집에 일찍 들어오고 해서……."

어렸을 적 엄마보다 아빠랑 자주 놀아서 좋았지만 내심 실업자인 줄 알고 걱정을 했던 것 같았다. 이렇게 정시 출퇴근하여 자기계발이 가능한 그 좋은 법원직을 명예퇴직한다니 나는 좀 아쉬웠다. 물론 애들 예체능 뒷바라지에는 공무원 월급으로서는 한계가 있었다. 나는 여러 번 찬반 사이를 왔다 갔다 했다. 남편이 창업에 관한 책을 탈고를 할 때쯤 받아들이기로 마음을 굳혔다. 그때부터 남편이 큰 과오 없이 공직을 마무리 할 수 있도록 남편의 일거수일투족을 감시하는 역할을 했다. 남편은 간섭하는 내게 "고지식하다. 틀에 박힌 사고 좀 버려라. 숨이 막힌다."라며 반발했다. 그러나 나는 남편이 마지막까지 공직자로서 명예를 지키길 바랐다. 돈은 퇴직 후 얼마든지 벌 수 있으니까.

지난해 10월, 책 서문을 쓰고 이제는 추천사를 받을 때쯤이었다. 남편은 자신의 소속 법원장님과 내 소속 기관장의 추천사를 받고 싶어 했다. 책의 독자층이나 내용이 남편과 내 직장 모두에게 직간접적인 관련이 있었기에 욕심을 낼 만했다. 그러나 책 판매를 촉진하기 위하여 소속된 기관명과 기관장 이름을 자의적으로 넣는 행위는 공무원 행동강령 위반에 해당된다. 나도 이왕이면 남편의 책이 잘 팔리고 널리 읽히길 원했다. 하지만 내가 10년 전 감사부서에 근무하면서 얻은 귀한 경험이 있다. '공무원으로서 죽을 자리인가? 살 자리인가?'를 구분할 줄 아는 눈을 갖게 된 점이다. 남편과 출판사 관계자는 아쉬워했다. 하지만 오히려 '메가스터디' 손주은 회장님과 '도전 K-스타트업' 본선까지 진출한 두재균 박사님, 연 매출 100억대의 '언니구두' 박세영 대표, '포도나무 기적' 주인공인 도덕현 농부의 추천사가 책의 가치를 높여주었다. 지금도 내 결정이 옳았다고 본다. 공직자들이 좋은 책이어서 추천사를 써주셨다 할지라도 해석하기에 따라 '직위의 사적이용'이 될 수 있기 때문이다. 퇴직을 앞두고 존경하는 상사에게 누를 끼쳐서도 안 되고.

한편 3년 전 남편이 존경하는 두 박사님이 S신문사에 칼럼을 기고한 적이 있었다. 두 박사님은 카네기 경제 동아리 고문으로서 동아리의 혁신적인 스터디 활동을 홍보하면서 남편의 주식 강좌 경력을 소개하였다. 남편이 대가 없이 재능을 기부했고 업무에 지장이 없는 새벽시간대 활동으로 공무원 행동강령을 위반한 것은 아니었다. 그래도 법원직 공무원과 주식 강좌는 정말 안 어울렸다. 나는 남편이 돈을 버는 데 능력이 있는 공무원으로 비치는 것이 너무 싫었다. 검소가 미덕인 보수적인 공직문화에서 존경받을 일은 아니었기 때문이다.

나는 신문으로 활자화되기 전 인터넷으로 그 칼럼을 검색하는 순간부터 밤새 남편을 닦달했다. "제발 종이신문으로 이튿날 배포되지 않게 기사를 삭제조치하라." 했다. 나는 밤새 외부강의와 관련된 공무원 징계 사례를 검색하며 협박했다. 일반적으로 공무원이 신문에 좋게 기사화됐다면 기뻐할 일이다. 그러나 나는 철저히 돌다리를 두드렸다. 나의 직업병이기도 했다.

다음 날 나는 출근해서 행동강령 기준 원문을 메일로 보내면서 일침을 가했다. 남편도 나의 집요함에 항복했다.

"소크라테스에겐 악처가 꼭 필요해요."

그러자 "예, 잘 알겠습니다." 하고 답이 왔다.

* 지혜롭고 사랑스런 여우로 변신

남편의 끼는 여기서 끝나지 않았다.

2019년 2월 어느 금요일 저녁 카네기 경제 동아리가 고급 호텔을 빌려 세미나를 개최하게 됐다. 소중한 가족 한 명도 초청하는 귀한 시간이었다. 나는 내가 정말 남편의 드림킬러인지 드림메이커인지 헷갈릴 정도 남편의 행사를 세세히 코칭하기 시작했다. 회원들에게 공지하는 문구, 저녁식사 단가, 김영란법, 선거법 저촉 여부까지……. 남편만 조심시키려는 것이 아니었다. 나도 조심했다.

"만찬 초청자 명단에서 내 이름 빼라. 비싼 밥을 공짜로 안 먹겠다. 나는 저녁식사가 끝난 뒤 당신 특강시간에 맞춰서 가겠다. 멋진 행사 위해 기도할게."

나는 만찬장이 정리된 뒤 특강시간에 도착했다. 남편도 나도 긴장했다. 그 날 남편의 강의 제목은 '세상의 수요를 알아챈 사람들'이었다. 리드 헤이스팅스의 '넷플릭스' 창업배경과 성공담을 비롯하여 급변하는 시장변화 파도타기까지를 멋지게 설명했다.

남편의 강의에서 '창의, 혁신, 열정'이 뿜어 나왔다. 아내인 나는 가슴이 벅찼다. 청중들에게 아주 새롭게 강렬하게 다가갔다. 남편은 집에서 목이 터지도록 연습하고 PPT에 적절한 사진까지 신중하게 골라 넣었다. 그날 청중들은 대부분 중소기업 CEO들이었다. '공무원이 어쩜 저렇게 창업 마인드 강의를 잘할까?'라고 칭찬하는 분위기였다. 행사장을 마무리하고 새벽에 들어온 남편에게 나는 말했다.

"오늘 아주 훌륭했어요!"

이것이 계기가 되어 남편은 지난 1년 동안 창업 마인드에 관한 책을 쓰기 시작했다. 남편이 책을 한 꼭지씩 쓰면 나는 읽고 평을 해주곤 했다. 남편은 일기나 손 편지를 거의 쓴 적이 없었다. 나에게 메시지나 카톡을 보낼 때도 거의 단답형이어서 좀 서운할 때가 많았다. 그런데 기적이 일어나고 있었다. 남편이 작성한 책 한 꼭지 한 꼭지가 재미있었다. 한 줄에 마침표가 두 개씩 찍힐 정도로 문장이 간결해서 전달하려는 메시지가 쏙쏙 들어왔다. 남편의 책은 수필도 소설이 아닌 창업 마인드를 함양하는 실용서로서 손색이 없어 보였다.

말콤 글래드웰의 『아웃라이어』를 보면 '1만 시간의 법칙'이란 말이 나온다. 한 가지 일에 큰 성과를 이루기 위해서는 1만 시간 동안의 학습과 경험을 통한 사전 준비 또는 훈련이 이뤄져야 한다는 말이다. 1만 시간은 하루에 평균 약 3시간, 일주일에 20시간씩 약 10년이라는 기간이 필요하다. 남편이 10년 동안 꾸준히 해온 독서와 카네기 활동 첫 결실로『창업, 4천5백송이 포도나무 플랜으로 하라』를 탄생시켰다. 그리고 책과 함께 화려하게 공직을 퇴직했다.

어찌 보면 나는 소크라테스의 악처 '크산티페'보다 더 지독했다. 나는 현실적인 아내이면서 남편이 공직자로서 명예롭게 퇴직할 수 있도록 끊임없이 잔소리를 해댔다. 무서운 '김영란법'과 '선거법'을 운운하여 혹시라도 남편의 꿈이 피기도 전에 꺾이지 않도록 지켰다. 남편 또한 대단한 철학자였다. 처음엔 반발하다가도 기꺼이 수용했다. 매사에 여러 가지 변수를 예측하고 최선의 대안을 마련하는 습관을 갖게 된 것이다.

이제는 남편이 큰일을 끝까지 잘할 수 있도록 독설보다는 진심어린 기도를 해야겠다. 솔직히 나는 악처보다는 지혜롭고 사랑스런 여우가 되고 싶다.

06

수시로 사랑과 고마운 마음을 전하라

✽ 카톡 대화 둘 다 예쁜 말로 경어 쓴다

우리 부부는 수시로 카톡 대화를 나누고 있다. 가장 쉽고, 가장 빠르게 일상사를 공유하고 이모티콘으로 희로애락도 실어 보낼 수 있어 나에겐 최고의 소통 수단이다. 남편과 하루 12시간 이상을 각자 일로 떨어져 있지만 카톡이 있어서 남편이 늘 내 곁에 내 마음속에 있는 것 같다. 특별한 날엔 카톡으로 커피 쿠폰과 돈 봉투도 주고받는다.

평소 집안일을 상의하거나 주말 계획을 짜는 데도 아주 요긴하다. 예를 들어 주말에 서울에 같이 가는 걸로 의견이 모아질 때가 있다. 먼저 제안한 사람이 바로 고속 버스표나 기차표를 예매해서 공유한다. 쉽게 파기할 수 없는 실행력까지 담보하니 부부 사이를 더욱 결속시켜준다.

더 좋은 것은 남편이 카톡 대화에서 내게 항상 예쁘고 고운 말을 사용한다는 점이다. 우리 부부는 동갑내기여서 가정에서는 서로 약간 반말 투로 한다. 어른들이 계신 곳에서만 내가 남편에게 경어로 말한다. 하지만 카톡 대화만큼은 둘 다 예쁜 말로 경어를 쓴다. 경어를 쓰면 키보드를 두 번 더 눌러야 하는데 왜일까? 내가 경어 쓸 것을 정중히 요청했다. 남편이 내 의견을 수락했기에 가능했다. 반말로 글을 받으면 글쓴이의 얼굴 표정과 어감, 상황 등을 몰라서 정말 화내는 말투 같기 때문이다. 또 고맙게도 경어를 쓰게 되면 비난하는 말이나 흉보는 이야기가 써지질 않는다. 자연스럽게 칭찬과 바람으로 시작해서 당부나 기도로 글이 마무리된다.

예의를 갖춘 덕분에 둘만의 대화방이 5년째 잘 유지되고 있다. 아들이 참여하는 가족 단톡 방에서도 부부간에 경어를 쓰기 때문에 자녀 교육에도 좋다는 생각을 해본다.

나는 지난해 11월말, 절망에 빠진 남편을 카톡 대화로 크게 위로해준 적이 있다. 남편의 책이 막 세상에 나왔을 때였다. 프린터 출력물로만 보다가 한 권의 책으로 완성되어 도착하니 참 신기하고 보물 같이 귀하게 느껴졌다. 남편 친구들과 가족들이 많이 사주었다. 서평과 후기도 많이 올라와서 한참 기분이 업 되고 있었다. 가까이 사시는 셋째 시누님께서도 직접 오셔서 책 10권을 사서 지인들께 선물했다.

2019년 11월 26일 오전이었다. 남편은 책 이름과 연계하여 '포도나무 법무사' 상호를 생각하고 법무 서비스 분야 독점적인 특허권을 얻고자 특허청에 가겠다고 톡을 보내왔다. 나는 헛걸음 않도록 담당 공무원에게 미리 전화예약하고 가시라고 했다. 책도 한 권 서명해서 드리면 좋겠다고 의견을 줬다. 그런데 갑자기 카톡 대화를 멈추고 남편이 직접 전화를 걸어 왔다.

"셋째 누나가 긴 카톡을 보내왔어. '거짓 절박함'으로 책을 썼다며 당장에 명퇴를 취소하라고 하네."
"……."
"내가 누나 편지를 전송할게. 정말 너무 힘들다."

내 직장에서도 가끔씩 명예퇴직을 신청을 냈던 분들이 철회하고 다시 다니는 분이 있다. 남편이 절망에 빠져서 명퇴철회를 고민해야 할 만큼, 셋째 형님이 무슨 심각한 편지를 보냈는지 궁금했다. 남편으로부터 재전송 받은 시누님 편지 내용은 이렇다.

"왜 꼭 창업으로 돈을 벌어야 한다는 거지? 창업으로 인생도전을 하는 이유는 뭘까? 거짓 절박함? 명퇴를 취소하고 사무관 시험에 도전해보아. 가족의 삶을 송두리째 흔들어놓을 수 있다는 책임감 같은 건? 책에다 선포했다고, 거둘 수 없다고 생각하지 말고, 퇴직의 번복으로 조금 창피하면 어때? 최소한 작은애 대학 마칠 때까지 직장생활 해주길 바래."(오전 10:57)

남편은 아내와 누님들이 그간 1년 넘게 명퇴 반대를 많이 해왔어도 비교적 꿋꿋하게 잘 견뎌왔었다. 오히려 반대를 하면 할수록 창업 마인드를 함양하는 책 원고에 심혈을 기울였다. 그런데 시누님이 '거짓 절박함?'이라 하고 '명퇴를 취소 번복하라'란 말을 해서 완전히 멘탈이 붕괴돼버린 것이었다.

나는 뭐라고 남편을 위로해야 할까? 바로 단숨에 톡을 보냈다.

"속상해도 참으세요. 오누이 단톡방에서 탈퇴하세요. 예수님도 고향과 유대인들로부터 배척당했어요. 50년 동안 누님들로부터 사랑받은 것은 감사하오나 새장 속의 새 사랑은 독수리 비상에 방해됩니다."(오전

11:10)

남편이 답했다.

"가족방은 그대로 남아 있겠습니다. 둘째 누나가 아프니 분란은 일으키지 맙시다."(오전 11:17)

나는 "예예"(오전 11:24)하고 한동안 생각을 했다.

＊ 카톡개로 큐피드 화살을 계속 쏘라

셋째 시누님이 말한 '거짓 절박함'은 『성경』「사무엘상」 21장 1절에서 15절까지의 말씀에 나오는 말이다. 다윗은 자신을 죽이려는 사울에게서 도망하여 제사장 아히멜렉에게 가서 거짓말을 함으로써 그로부터 먹을 것과 무기를 얻는다. 그런 다음 적인 블레셋 가드의 왕 아기스에게로 피신한다. 하지만 아기스의 신하들이 다윗을 알아보고 그가 행한 일을 아기스 왕에게 보고하자, 다윗은 또 거짓으로 미친 척하여 위기를 모면한다. 당시 다윗의 상황이 얼마나 절박했는지 잘 알 수 있는 대목이다.

시누님 생각은 어떻게든 남동생 가족이 안정적으로 살기를 바랐던 것이다. 그런데 남편은 '거짓 절박함으로 명퇴를 하고, 가족에게는 무책임한 사람'이라고 매도되어 화가 단단히 났던 것이다.

나는 진심으로 남편을 위로해주고 싶었다. 때마침 평소 존경하는 S장로님이 당일 오전 11시 51분에 좋은 말씀을 보내주셨다. 나는 하나님이 S장로님을 통해 내게 귀한 말씀을 보내준 것이라고 확신했다. 남편에게 『성경』「잠언」16장 9절 말씀으로 위로를 건넸다.

"사람이 마음으로 자기의 길을 계획할지라도 그 걸음을 인도하는 자는 여호와시니라."(오전 11:53)

남편이 "고마와요^^"(오후 12:00)라고 답을 했다. 나는 드디어 안심을 하고 점심을 먹을 수 있었다.

정말로 남편은 오후에 많이 회복되었다. "대학원 동기들과 법원 동료로부터 책 칭찬과 함께 주문이 계속 들어온다."며 즐겁고 신나게 내게 카톡을 보내왔다. 나는 다시 한 번 그에게 힘을 주고 싶었다.

"당신 책이 명예퇴직을 두려워하는 이들에게는 불온서적이요, 크게 될 이들에게는 성공지침서가 될 것입니다. 당신을 열렬히 사랑하는 이 세상

단 하나뿐인 아내 이혜성 드림"(오후 2:11) 카톡개가 큐피트 화살을 마구 쏘아대는 이모티콘까지.

일주일이 지나 셋째 누님으로부터 "하는 일마다 잘되길 바란다."는 사과편지를 받았다고 한다. 부부의 정이라는 게 참 신기하다. 남편의 명예퇴직 결심에 대해 나도 온갖 협박을 가하며 반대를 했다. 때로는 원망도 했었다. 그런데 시누님들이 공격을 해오면 남편을 적극 방어하는 태세로 변한다. 나하고 싸울 때도 남편이 한풀 꺾이면 이상하게도 내 마음이 아프다. 그러고 보면 남편은 복이 많은 사람이다. 늘 잘되길 기도해주시는 다섯 분의 누님과 위기 때마다 용감하게 편들어주는 아내가 있으니까. 언제나 남편과 나는 한편이고 싶다.

명작 속의 완벽한 연인들

스미노 요루 소설, 『너의 췌장을 먹고 싶어』

사쿠라 (여) : 산다는 것은…….

하루키 (남) : …….

사쿠라 (여) : 아마도 나 아닌 누군가와 서로 마음을 통하게 하는 것. 그걸 가리켜 산다는 것이라고 하는 거야.

07

당신은 알수록 좋은 사람입니다

* 타고나길 새로운 일에 호기심이 많다

지난해 연말 전주지방법원이 43년간의 덕진동 시대를 마감하고 전북 혁신도시 근처 만성동 법조타운으로 이전했다. 기존 구청사 주변에 있던 수많은 법률사무소들도 동반 이전을 시작했다. 남편은 개업을 마음먹은 후부터 만성동 법조타운과 혁신도시, 고향인 장수군 등 아주 많은 장소를 찾아다니며 발품을 팔았다. 최종 입지는 법원 신청사와는 다소 거리가 멀고 우리 집과 가까운 효자동 상가주택에 둥지를 틀게 됐다. 관공서로는 초등학교와 한국토지주택공사 전북지역본부가 전부다. 대부분 아파트와 상가주택이 많다. 따라서 공인중개사 사무실이 많고 좋은 먹거리를 파는 마트들이 많다. 아침에는 상가 앞 4거리에서 녹색어머니들이 서 있기도 한다. 이렇게 지역민들과 함께하는 곳에 남편이 개업을 하게 됐다. 법원 옆이 아닌 고객 옆에 머물게 된 것이다. 간판은 남편의 이름보다는 남편의 책 제목을 상징하여 '포도나무 법무사'라 했다.

이런 점이 색다르게 주목되었을까? 남편이 광고를 의뢰한 것도 아닌데 전북도내 주요일간지에서 취재를 왔다. 멀리 서울에 있는 대한법무사협회에서도 화제의 인물로 취재를 해갔다.

취재진은 첫 질문을 "왜 안정적인 공직을 박차고 나왔냐?"고 묻는다. 남편은 "대학 때 철학과를 다닌 덕분에 인생을 멀리 바라보게 되었다. 어떻게 살아야 행복할 것인가에 대한 고민을 끊임없이 해왔다."라고 말한다.

이어서 "왜 개인 이름이 아닌 '포도나무 법무사'라 했는가?"라는 질문을 받는다. 그러면 남편은 포도나무 한 그루에 4,500송이까지 수확하는 전북 고창군의 도덕현 농부 이야기를 시작한다. 농부가 우선 당장의 열매보다는 포도나무가 유전적인 능력을 잘 발휘할 수 있도록 토양 가꾸기에 신경 쓴 결과, 값진 결실을 얻었다는 이야기다. 자신도 4,500송이 포도나무 전략으로 사업체를 크게 키우고 싶어서 '포도나무 법무사'로 이름

지었다고 설명한다.

이것이 언론에 비친 남편 모습이다. 그런데 나는 개업 후 남편의 한 달 간 모습을 지켜보면서 아들 뒷바라지는 어디까지나 개업 이유 중의 하나 일 뿐임을 알게 되었다. 나는 가장 근본적인 개업 이유는 그가 타고나기 를 새로운 일에 호기심이 많다는 데서 그 이유를 찾고 싶다. 돈 버는 데 욕심이 있었다면 물불 안 가리고 사건 유치에 박차를 가했을 것이다. 또 같이 일하겠다고 원해서 찾아오는 사건 사무장들을 사양하지 않았을 것이 다. 그는 자신의 뜻을 이해하고 같이 펼칠 꿈이 있는 사무장을 기다렸 다. 한 달간 기다리던 끝에 실무경험이 풍부하고 꿈이 있는 사무장을 만 나게 됐다.

그는 주식 투자 공부를 하면서 위대한 기업들은 위대한 사업 전략을 가진 CEO들에 의해서 만들어진다는 것을 알게 되었다. 또 카네기 클럽 활동을 통해서 지역 사회에서 실존하는 100억대 부자들과 교류가 깊어 졌다. 그들을 흠모했고 그들의 공통된 사업 전략이 선택과 집중이라는 걸 알게 되었다. 그래서 책을 쓰게 되었다. 누구나 쉽게 읽을 수 있도록 간결한 문장으로 썼다. 집중하면 2~3시간이면 가볍게 읽을 수 있는 창 업경영 도서를 펴낸 것이다. 그는 첫 작품에 그의 10년 공부를 다 불어넣 었다.

그는 조각가 피그말리온처럼 자신이 쓴 창업 지침서대로 개업을 하고 싶어 했다. 법무사 영업도 책대로 하고 싶었고, 성공한다면 그것을 이제는 코칭을 통해서 또 다른 누군가를 성공시키고 싶어 〈한국법무사코칭협회〉 카페도 시험 운영 중이다.

그가 제일 먼저 책대로 실천한 것은 입지다. 고객이 편하게 쉽게 찾아올 수 있는 곳에 개업했다. 두 번째로는 SNS를 통해 엄청난 홍보를 하고 있다. 매주 1회 〈포도나무 법무사TV〉 유튜브 방송을 찍고 있다. 동네를 떠나 전국을 대상으로 홍보하고 있는 셈이다. 베이비붐 세대 법원직공무원을 대상으로 법무사 창업을 코칭한다면 전국 200여 개의 포도나무 법무사지점 개소가 결코 빈말이 아니다. 앞으로도 책의 목차처럼 하나둘 성취해나갈 것을 확신한다. 왜냐하면 그는 실행력이 대단한 사람이기 때문이다. 가끔씩 사무실 운영에 고민을 할 때가 있다. 내게 물으면 나는 이렇게 답한다. "당신 책에 답 있어."

남편이 우수한 유전적 능력을 가진 포도나무이고, 내가 '이병은'이라는 포도나무를 가꾸거나 돌보는 농부라고 하자. 그럼 나는 이 봄을 맞아 무엇을 해야 할까? 실제로 포도나무 농부인 도덕현 님은 뿌리가 40미터까지 뻗어나갈 수 있도록 땅을 깊게 갈고 유기농비료를 직접 만들어서 토양을 튼튼하게 했다. 그 결과 4,500송이를 수확했다. 그의 포도는 새끼

열매일 때 이쑤시개를 꽂았어도 썩지 않고 잘 익어갔다. 아, 그렇다면 나도 남편에게 좋은 유기농 비료를 줘야겠다. 인간에게 필요한 유기농 비료는 뭘까? 당연히 사랑이다.

＊ 한계를 시험하고 이겨낼 사람

남편이 지난해 12월 24일 화요일 아침 7시에 카네기 경제 동아리에서 자신이 쓴 책을 발표하는 시간을 가졌다. 남편은 며칠에 걸쳐 발표할 내용을 PPT로 완성했다. 크리스마스 이브 날 아침이다 보니 남편은 신나는 캐롤 송을 준비했다. 너무 식상하다고 내 의견을 말했다. 〈겨울왕국〉 주제곡을 넣었으면 좋겠다고 했다. 주인공 엘사가 눈보라 속을 헤치며 "Let it go, Let it go!" 하는 노랫말은 누구에게나 익숙하다. 나는 유튜브에서 한글 자막이 있는 노래를 다운받아 남편에게 전송했다. 남편은 노래를 듣더니 정말 자신의 입장과 맞는 노래라며 흔쾌히 받아들였다. 나는 한마디 더 덧붙였다. "감상시간이 끝나면 당신 심정과 가장 와 닿는 부분을 언급하라."고. 바로 이 부분이다.

'내가 뭘 할 수 있을지 보여줄 시간이야. 한계를 시험하고 이겨낼 거야.'

남편은 자신의 책과 개업 비전을 발표하는 자리에서 위 가사를 언급함으로써 자신의 비장한 각오를 완벽하게 전달했다. 회원들은 감탄과 큰 박수로 응원해 주었다. 이 날 발표 내용은 〈포도나무 법무사 TV〉 유튜브 방송 1회 차로 게시되었다. 한 달 만에 조회 수가 600회가 넘고 구독자가 100여 명이 되었다. 남편이 사업을 하다 보면 역경을 만날 때가 있을 것이다. 이 방송을 보면 남편은 다시 초심을 갖고 오뚝이처럼 우뚝 일어설 것이다. 정말 기록 보존가치가 있는 영상이었다.

나는 한 번 더 욕심을 냈다. 크리스마스 이브날이면 누구나 멋지게 아침을 보내고 싶어한다. 발표 첫머리를 〈겨울왕국〉으로 한 데 이어 마지막을 헬렌 피셔의 명곡, 〈The Power of love〉로 마무리하자고 제안했다. 남편은 그대로 받아줬다. 나는 평소 헬렌 피셔의 〈The Power of love〉를 즐겨 듣는다. 목소리가 감미롭고 가사가 정말 숭고하기 때문이다. 내가 좋아하는 소절은 다음과 같다.

"나 당신의 여자

그리고 당신은 내 남자

나 원할 때마다

나 할 수 있는 모든 것 다 해줄래

우리 이제 뭔가 찾아가고 있지

가본 적 없는 그곳으로

나 가끔 두려워져도, 배울 준비 다 돼 있어요.

그 사랑의 힘을"

　지금까지 남편은 나를 현명한 아내로 여겨 내 제안을 거의 다 존중해주었다. 그가 내 제안을 완벽하게 실행해낼 때면 나도 감탄할 정도다. 가끔씩 남편이 내 마음을 몰라주고 속이 터질 땐 소크라테스 아내처럼 천둥을 친다. 내 독설에 속상할 텐데도 그는 내가 곧 따사로운 마음을 가진 현숙한 아내로 돌아올 것을 믿고 기다려준다. 그의 주변에는 많은 친구들과 지인들이 계신다. 그러나 오래된 연인이자 애들 엄마로서의 자리는 언제나 내가 차지하고 있다. 새것에 늘 호기심이 많은 남편이지만 여자는 일편단심 나 하나임을 확신한다. 늘 새로운 남편을 만나고 알아가는 재미가 너무 좋다.

　"당신을 사랑합니다. 당신은 알수록 좋습니다. 가본 적은 없지만 사랑의 힘을 믿고 동행하겠습니다."

08

때로 남편에게 질투를 느끼게 연출하라

* 난 웃을 거야. 웃는 여자는 다 예뻐

사람들은 누구나 자신만의 이상형을 가지고 있다. 이상형을 만나 연애하고 결혼에 골인하고 행복하게 잘 살기를 원한다. 우리 부부는 서로가 원하는 이상형인지 아닌지를 곰곰이 생각할 틈도 없이 결혼했다. 결혼 적령기였고 궁합이 좋다는 이유 하나만으로 인생을 걸었던 것이다. 서로 첫눈에 반하지는 않았지만 아주 싫지도 않았다. 살다 보니 서로에게 좋은 짝이 된 것 같다.

나는 지금도 이상형 남자가 없다. 맞춰가며 만들어가며 남편과 살고 있다. 남편도 좋아하는 이상형이 따로 있는 것 같지 않다. 보통의 남자들처럼 여자의 머리가 길거나, 허리와 다리가 날씬하거나, 글래머를 좋아하는 것도 아닌 것 같다. 남편이 구체적으로 말해본 적도 없고 나도 진지하게 물어보지 않았다.

나는 어렸을 적에 피부가 하얗고 낯꽃이 좋다며 선생님들과 어른들로부터 좋은 평을 받아왔다. 하지만 치아가 자신 없어서 마음껏 웃질 못하고 입을 가리고 웃는다. 나이가 들어서는 감정표현에 솔직해져서 한 번씩 박장대소하며 크게 웃었다. 그런데 그렇게 크게 웃으면 아들과 남편이 주의를 준다. 바나나처럼 큰 입이 귀에 걸리면서 옥수수가 다보이기 때문이다. 또 볼 주변은 하회탈처럼 변한다. 남편과 아들은 내가 신라의 미소처럼 다소곳이 예쁘게 웃길 원하는 것 같다. 그래도 난 웃을 것이다. 웃으면 복이 오고, 웃는 여자는 다 예쁘니까.

13년 전 두 아들 손에 사마귀가 생겨서 남편이 동네 피부과의원에 다녀온 적이 있다. 하얀색을 상징하는 W피부과에 다녀온 남편이 상기되어 나에게 말하기 시작했다. 사마귀나 티눈 치료 방법에 대해서 말이 나올 것으로 기대했다. 아, 그런데 여의사 선생님을 칭찬하기 시작했다.

"피부과 원장님이 정말 얼굴이 하얗고 이지적인 여자 의사 선생님이야. 얼음공주 같았어."

"……."

나는 당황해서 아무 말도 안했다. 속으로 이렇게 생각했다. '예쁘고 친절한 것 같지는 않군. 피부가 하얗고 지적인 선생님이란 말이지.'

그다음 번엔 일부러 내가 아들을 데리고 피부과를 갔다. 우리 차례가 되었다. 선생님 외모부터 한눈에 스캔했다. 내가 예상한 대로 따스한 이미지는 아니었다. 하얀 피부에 하얀 가운, 앞머리까지 같이 기른 단발머리로 확실히 이지적인 분위기였다. 전문직 여성답게 말과 표정은 넘치지도 부족하지도 않았다. 꼭 필요한 만큼만 진료를 해주셨다.

그 당시 나는 파마를 하고 다녔다. 30대 후반 때 찍은 사진을 보면 정말 촌스러웠다. 애 키우면서 일하는 아줌마들에겐 파마머리가 편하긴 했다. 그런데 헤어 로숀을 안 바르면 머리가 붕붕 떠서 얼굴이 더 커 보인다. 또 약이 독해서 머리끝이 갈라지면 얼굴마저 거칠어 보인다. 파마가 풀어질 때 쯤 다시 파마하고 오는 날은 독한 약 냄새 때문인지 남편은 "또 파마했어?" 하며 약간 싫어했다.

사실 나도 20대 후반부터 30대 초반까지는 생단발머리를 하고 직장을 다녔었다. 좀 마른 체격이었고 거의 다 일하기 편한 바지정장차림이었다. 공부하랴 일하랴 바빴었다. 그 모습 그대로 남편과 선을 봤었다. 예의 없어 보일 수도 있었다. 그런데 이런 내 모습이 남편에게 조금 호감이 갔을까? 선보기 전 남편은 오랫동안 발령이 나지 않아 백수로 알바만 하는 정도였다. 활발하게 일하는 사무직 여성이 좀 예뻐 보여 결혼에 이르렀나 생각된다.

결혼 초기 나는 남원시청 홍보실에서 근무하고 있었다. 당시 기자실 여직원은 엄청 예뻤다. 반면에 나는 일과 육아에 공부까지 하다 보니 더 말라가고 있었다. 거기다가 단발머리에 안경까지 썼으니 좀 까칠해 보였다. 하루는 나를 아끼는 남자 상사가 "단발머리가 좀 차가워 보이네. 파마로 부드러운 인상을 주는 게 좋겠어."라고 말했다. 그래서 그 뒤로 계속 파마만 하게 되었다.

직장에서 차가운 이미지로 보이기 싫어서 했던 파마였다. 그런데 남편 취향을 피부과의원을 다니면서 확실히 알아버린 것이다. 차갑고 이지적인 전문직 여성 모습을 좋아했던 것이다. 그래도 나는 나이 40대 초반까지 드라이 파마와 새치머리 감추기 염색을 계속하고 다녔다.

40대 중반 큰 수술 후 몸이 쇠약해져서 파마가 제대로 안 나오기 시작했다. 10년 넘게 다니는 미용실 원장님과 상의했다. "염색은 하되 파마는 하지 말자. 대신 정기적으로 헤어팩을 하면서 차밍단발을 하자."로 결론을 내리고 완전히 스타일을 바꾸었다. 점차 모발이 건강해지기 시작했다. 앞머리를 옆머리와 같이 기르다 보니 얼굴도 작아보였다. 크게 웃어도 얼굴 전체가 드러나지 않았다. 대성공이었다. 10년 전 알고 지냈던 동료들도 몰라봤다. 부족한 부드러움은 레이스가 있는 옷이나 벨트와 스카프로 대체하기 시작했다.

* 봄 처녀는 아니지만 봄 분위기는 내고 싶다

지난해 가을 동네 길목에 새로 오픈한 옷가게를 들렀다. 옷가게 사장님은 나보다 언니인 50대 후반인데도 멋쟁이였다. 나를 보더니 "너무 공무원스럽다."며 구닥다리 취급을 했다. 뜨끔했다. 정말 내 또래 여성 공무원들은 아울렛이나 백화점에서 세일가로 산 정장만 있을 뿐이었다. 재질은 고급스러우나 유행에 뒤지는 옷을 샀으니 예쁘지도 않고 다른 옷과 활용도도 떨어질 수밖에 없다.

추천해준 대로 연한 갈색 블라우스와 검정색 줄무늬 통바지를 샀다. 블라우스 리본은 승무원처럼 왼쪽으로 묶게 되었다. 그리고 허리에 가는 벨트를 두르니 똥배는 가려지고 없는 가슴은 풍성해 보였다. 8부 바지다 보니 발목이 보였다. 드러난 큰 발을 감추고자 앞이 막힌 뾰족한 굽이 있는 신발도 샀다. 이 옷차림을 하고 남편의 고교 친구모임 길을 나섰다. 남편 친구 아내들이 대부분 나보다 나이가 젊어서 조금 긴장할 때가 있었다.

그런데 그날 저녁 남편이 나를 오랜만에 머리부터 발끝까지 보더니 "아주 멋지다."고 칭찬을 해주었다. 아하, 바로 이거였다. 남편은 활동적이면서 약간은 여성미가 있는 아내 이미지를 좋아한 것 같았다. 나는 그날 저녁 내내 기분이 좋았다. 초가을 저녁은 다소 서늘한데 블라우스와 바지 차림이어서 보온 효과도 있었다.

지난 겨울방학 동안에 날마다 거문고를 타는 아들 손이 많이 붓게 되었다. 아주 오랜만에 W피부과를 가게 됐다. 내가 동행했다. 귀는 진료 말씀을 들었고, 내 눈은 원장님을 천천히 봤다. 나는 안심이 되었다. 아들 손은 크게 걱정할 정도는 아니었다. 연고만 자주 바르면 된다고 했다. 내게는 원장님 외모까지 안심되었다. 평생을 진료실에서 아픈 환자만 봐와서 그런지 원장님 얼굴에 탄력과 생기가 없었다. 남편이 마중을 나왔다. 나는 원장님에 대해서 말할 필요가 없었다. 내가 훨씬 생동감 있었기에.

어느덧 봄이 되었다. 봄 처녀는 아니지만 봄 분위기를 내고 싶어진다. 안방 옷장엔 사계절 옷이 가득 차고도 넘친다. 그런데 입을 만한 옷이 없다고 항상 느껴진다. 몸과 얼굴이 옛날 같지 않기 때문에 옛날 옷이 안 어울리는 것 같다. 보관 상태가 좋아도 유행에 뒤떨어져 보여 입기 곤란한 것도 있다. 안 입는 옷들을 정리해야겠다. 옷장에 어느 정도 빈자리가 생기면 나에게 어울리고 남편도 예쁘다고 말할 옷들을 사고 싶다.

"남편 사업이 잘되는지 더 예뻐졌군요." 이 기분 좋은 소리를 남편 친구들이나 지인들로부터 빨리 듣고 싶다. 옷이 날개라 했다. 얼마든지 연출을 해서라도 남편에게 긴장감을 주고 나도 늘 행복한 기분으로 살고 싶다.

명작 속의 완벽한 연인들

루이스 만도키 감독 영화, 〈남자가 사랑할 때〉

앨리스 (아내) : 같이 있어도 외롭다면 그건 같이 있는 게 아니야.

마이클 (남편) : 내 아내는 600가지의 미소를 가지고 있는 여자예요.

3 장

말 한마디로 배우자를
안아주는 대화의 기술

배우자의 언어를 이해하라

* 내가 지금 뭐하는 짓인지 모르겠다?

요즘은 서로 바쁘다는 핑계로 온 가족이 함께 밥 먹는 시간이 거의 없다. 밥상머리 교육이라는 말도 정말 옛말이 된 것 같다. 가족 간의 대화나 일상 소식은 식탁이 아닌 가족 단톡방에서 더 활발하게 이뤄지고 있다. 우리 집 식탁은 6인용인데 이제 2인용으로도 거의 활용되지 않고 있다. 식탁 반절 정도가 책과 필기도구, 각종 고지서, 약봉지가 차지한다. 모두들 시간대가 안 맞아서 이 식탁을 각자 혼자서 사용하곤 한다. 나는 이 식탁에서 남편에게 두어 번 혼난 적이 있다. 7년도 넘은 이야기다. 남편은 기억이 안 난다고 할 수 있겠으나 나는 잊을 수가 없다.

친정 조카가 우리 집에서 고등학교를 다니게 됐다. 언니는 내가 맞벌이로 고생할까 봐 보내지 않으려 했다. 우리 애들 교육상에도 좋고 나도 조카에게 정말 잘해주고 싶은 마음이 간절했다. 나는 데리고 있기로 했다. 조카가 아침식사를 조금이라도 할 수 있도록 밥과 국을 차려 놓곤 했다. 조카도 늦게 자고 일찍 일어나 밥맛이 없을 텐데도 내 정성을 생각해서 꼭 한술이라도 뜨고 갔다.

주말엔 돈가스 튀김요리, 소고기 김치볶음밥, 날치알 김치볶음밥 등을 차려줬다. 한마디로 밥과 반찬을 한 접시에 담아 간편하게 먹을 수 있는 요리만 해주었다. 애들은 그래도 맛있게 먹었다. 드디어 남편이 한소리 했다.

"냉장고에 시골에서 가져온 반찬 많잖아?"

애들 위주로 상을 간단히 차리는 것이 불만이었던 것이다. 애들은 튀김요리, 볶음요리를 좋아하는데……. 아들과 조카 입맛에만 맞추는 게 서운했던 모양이었다. 나는 그냥 무시했다.

2013년 초겨울 내가 아프게 되자 언니는 남원에서 전주까지 여러 차례 오가며 우리 집을 돌봐주었다. 나는 회복이 더디었다. 조카의 아침식사를 못 차릴 상황이었다. 남편이 아침식사를 차려놓고 조카를 깨워서 학교에 보내곤 했다. 그러던 어느 날 아침 남편이 내게 말했다.

"내 자식은 굶고 가는데, 내가 지금 뭐하는 짓인지 모르겠다."
"......."

나는 무슨 뜻인지 알기에 말을 못 했다. 나 보고 '우리 자식 좀 챙겨라.'라는 말이었다. 우리 집 애들이나 조카 모두 놀거나 게임하면서 늦게 잔다. 조카에 대해서는 서로 의무감에라도 우리 부부가 깨우고 밥을 조금이라도 먹여 학교를 보낸다. 우리 애들은 더 자게 놔두는 대신 모두 밥을 거르고 학교에 간다. 이게 반복되니 속상해서 말을 꺼낸 것이다. 사실 나도 우리 애들이 늦게 일어나 밥도 안 먹고 학교 가는 것이 많이 걱정됐었다.

남편의 말에 난 많이 서운했다. 처조카 아침 식사를 몇 번이나 차려줬다고 그런 말을 나에게 한단 말인가? 남편의 마음을 알아챈 순간 나는 언니에게 내가 아파서 애를 잘 돌볼 수가 없다고 했다. 언니는 우리 집 가까운 곳에 조카 자취집을 구했다. 나는 정말 미안했다. 어느 날 밤 퇴근할 때였다. 조카가 집 근처 학원을 마치고 우리 집을 가로질러 걸어가는 모습이 너무 안쓰러웠다. 부를 수도 없었다.

거꾸로 시댁 조카였다면 나는 어떻게 했을까? 아마 내가 아플지언정 끝까지 돌봤을 것이다. 물론 남편은 내게 반박할 것이다. "까칠한 당신 성격 때문에 나는 애초에 받지도 않았을 것이다."라고. 사실 7~8년 전에 우리 집은 최대의 위기였다. 내 건강에 적신호가 왔고 아들들은 사춘기여서 규칙적인 학교생활을 잘 못하고 있었다. 큰아들 골프 경기가 있는 날은 새벽이면 아들을 태워서 장거리 운전을 해줘야 했다. 지금 돌이켜 생각해보니 남편에게는 아내, 두 아들, 처조카도 모두 짐으로 느껴졌던 것 같았다. 특히 처조카가 공부를 잘해서 좋은 대학을 가야 한다는 부담까지 느꼈던 것 같았다.

나는 수술 후에도 자주 어지럼증이 왔다. 직장에서 외출을 두 시간씩 내고 영양제와 주사를 맞곤 했었다. 6급 6년차이면 승진 관리에 들어가는 때였다. 나는 당시에 도지사님 공약 사업을 하고 있었기에 내가 조금만 더 열심히 하면 곧 승진할 수 있다고 자신했다. 그런데 직장에서는 내가 아파서 승진을 포기했다는 소문이 돌았다. 그 후 두 차례 근무성적평정을 잘못 맞아서 승진 후보자 순위가 20등 아래로 곤두박질 쳤다. 기가 막혔다. 자존감에 큰 상처를 받아서 우울증까지 왔다. 그러니 내가 남편에게나 애들에게 잘 해줄 상황도 아니었다. 피해의식이 커져갔다. 너무 힘들어서 진단서를 받아서 한 달간 병가를 냈다. 건강을 챙기면서 내가 직장을 계속 다닐 것인가? 아니면 운동선수인 큰아들 뒷바라지를 위해 명예퇴직을 할 것인가를 생각했다. 주식시장이 좋아서 주식 투자를 잘하면 직장을 안 다녀도 될 것만 같았다.

친정언니는 내 병가 소식을 듣고 마음공부 좀 하라고 했다. 동생의 원망하는 마음을 달래고자 언니도 효험을 봤다는 책을 내게 선물했다. 박진여 선생의 『당신, 전생에서 읽어드립니다』다. 기독교 신자라 찜찜했지만 읽었다. 살기 위해서 읽었다. 교회 새벽기도를 나갔다. 수요예배도 나갔다. 남을 원망하는 마음이나 분노감은 조금씩 사라졌다.

* 남편도 힐링이 필요하다

쉬는 동안 정신과 상담을 다녔다. 의사 선생님은 내가 너무 지친 것 같다며 일주일동안 유럽여행을 다녀오라 했다. 누군가 차려준 음식을 먹고 멋진 풍광을 보면서 힐링을 하면 좋을 것이라고 했다. 나더러 대접 좀 받는 시간을 확보하라고 한 것이었다. 좋은 처방이라고 생각한 남편도 애들 없이 같이 가자고 했다. 아마 그도 힐링할 시간이 필요했던 모양이었다. 남편 자신도 힘든데 내가 자꾸 "아프다. 힘들다. 억울하다."하니까 말을 못했던 것 같았다.

남편이 병가 마지막 주간을 앞두고 내게 말했다. 친구네 가족들이랑 함께 베트남 여행을 가자고 했다. 비싼 둘만의 유럽여행보다는 온가족이 다함께 가는 즐거운 동남아 여행을 친구들과 기획했던 것이다. 대성공이었다. 나는 처음에 울며 겨자 먹기로 따라갔다. 정신과 의사 말씀처럼 차려준 밥을 먹고 멋진 풍경과 공연을 보다 보니 우울할 시간이 없었다. 남편은 돌아오는 길에 라텍스 제품을 샀다. 불면증에 시달린 내가 깊은 잠을 잘 수 있도록 도왔다. 나는 몸이 많이 회복되어갔다. 나 대신 일을 많이 하게 된 사무실 동료들에게도 미안한 마음이 조금씩 생겨났다. 그간 미뤄둔 고민인 '나는 다시 직장에 복귀할 것인가? 명퇴를 낼 것인가?'를 남편과 상의했다. 남편은 말했다.

"당신 의견을 존중합니다. 명예퇴직원을 내도 좋습니다."

내가 예전에 직장 일에 몰두하다가 한 번씩 "지친다. 쉬고 싶다."하면 남편은 빈정거리며 "당신은 아마 직장 안 다니고 집에 있으면 성격상 병날 거야. 아니 더 아플 거야."라며 좀 서운하게 말한 적이 있었다. 그런데 한 달간 병가까지 내고 내가 진지하게 물으니 "당신의 의견을 존중한다." 며 완전히 비우고 말했다. 나에게 자유를 주는 남편이 고맙게 느껴졌다.

그런데 그다음 날 친정언니로부터 전화가 왔다.

"이 서방이 울면서 전화했다. 혼자서는 애들 뒷바라지 못 한다고. 큰애가 골프까지 하는데. 너 다시 한 번 생각해봐야겠다. 네 심신 건강도 중요하지만……."

나는 정말 놀랐다. 남편이 처형에게 울면서 전화하다니. 얼마나 감당하기 힘들었으면. 남편도 나를 많이 의지하고 있었다. 그런데 나만 힘들다고 나약하게 굴었던 것이다.

남편이 힘들어하고 괴로워했다는 것을 인지하는 순간 정신이 바짝 차려졌다. 남편에게 힘이 돼주고 싶었다. 내가 조금만 힘을 더 내서 이 상황을 버텨보기로 했다. 내가 그의 짐이 되지 말자고 다짐했다. 남편을 사랑하는 걸까? 모성 본능이 있는 걸까?

나는 지금까지 공직을 천직이라 생각하고 잘 다니고 있다. 남편이 나보다 먼저 멋지게 퇴직했다. 당시 나는 도피성 명퇴였다면 그는 도약을 위한 명퇴였다. 지금도 그때를 생각하면 남편에게 미안했다. 더 아픈 사람이 아픈 사람을 알아본다는 말이 있듯이 남편이 사실은 가장으로서 나보다 더 힘들었던 것이다. 남편이 깊은 마음속 목소리를 언니에게라도 들려줘서 정말 다행이었다.

02

구체적인 칭찬이 남편의 마음을 움직인다

＊ 방부제 얼굴이 뭐지?

"아빠는 방부제 얼굴이예요."

작은아들이 남편에게 했던 말 중 가장 인상 깊었던 말이다. 난 애들이
쓰는 말이나 SNS 상의 신조어를 잘 모른다. '방부제는 나쁜 건데?' 속으
로 생각했다. 대화 맥락을 들어보니 아빠가 젊어 보인다는 뜻이다. 남편
은 작은아들 칭찬에 무척 기뻐했다.

남편은 쉰 살이 됐어도 흰머리가 거의 나질 않았다. 젊어서 담배를 필

적에는 냄새가 나서 아저씨 같는데 오래전에 담배를 끊어 깔끔했다. 피부가 연약해서 아침마다 기초화장을 하니 확실히 젊어 보인다. 화장품 값을 자신이 부담하는 일이 없으니 많은 양을 자주 바른다. 화장품회사를 다니는 도련님이 명절마다 선물을 해주신 덕분이다. 옷차림도 항상 다린 와이셔츠에 신사복 바지를 입고 다니니 아빠의 모습은 어려서부터 본 그대로 젊어 보였던 것이다.

내가 봐도 출근할 땐 단정히 잘 입고 다닌다. 주말에는 세탁소 심부름 외에는 특별히 신경을 써줄 일이 없었다. 그런데 쉬는 날 야유회를 갈 때는 나에게 엄청나게 코디를 요청한다. 자신의 나온 배와 얇은 다리를 커버하고 싶었던 것이다. 나도 남편 배에 대해서는 소명의식을 갖고 도와준다.

당일치기 여행이니 평소 골프복 차림이면 무난했다. 한번은 위도 여행을 가게 됐다. 1박 2일이라 걱정이 되었다. 나는 평상복을 거의 사준 적이 없다. 숙소에서 머물 때 옷을 잘 못 입으면 배 나온 아저씨로 밉상이 될 것이 뻔했다. 나는 머리를 굴리기 시작했다. 헐렁한 티셔츠나 후줄근한 바지로 내 남편을 망가트릴 수는 없었다. 큰아들 옷이 가득한 방으로 안내했다. 큰아들은 골프선수로 옷과 모자가 어마어마하게 많았다. 1년 전 군대를 가게 되어 대전 자취방에 있던 옷들이 우리 집 방 하나에 가득하다. 큰아들이 아끼는 옷이라 남편은 손대지 않으려 했다. 제대하면 체형이 변해서 입을 수 없을 거라며 바지만 빼고 이것저것 상의를 입혀본다. 얼굴이 하얀 남편은 큰아들의 옷이 모두 다 잘 어울렸다. 점퍼, 운동화, 모자, 가방까지 아들 것으로 다 코디했다. 아들이 휴가를 나오기 전에 미리 세탁해놓으면 들킬 리가 없었다.

확실히 운동선수 옷들은 최신 유행을 따라갔다. 아들 옷을 입으면 50대인 남편도 같은 또래 남성들보다 젊어 보였다. 대성공이었다. 남편은 신나게 놀면서 찍은 사진을 카톡에 올리곤 했다. 어느 날은 선상낚시를 했는지 커다란 물고기를 한손에 잡고 천진난만하게 활짝 웃고 있었다. 아들 옷을 입었으니 아들 같았다. 나는 카톡에 답을 했다.

"너무 신나 보인다. MT 간 대학생 같다."

나는 그렇게 행복해 하는 모습은 처음이었다. 남편은 돌아오는 날 내게 멸치상자를 내밀며 "회원들 모두 나이를 잊고 대학생처럼 신나게 놀다왔다."고 말했다.

과연 남편의 젊은 분위기는 옷차림과 피부에 있었을까? 아니다. 외모보다는 꿈이 있는 남편이라 늙어 보이지 않았다. 그는 40대 들어서서 독서를 무섭게 했다. 좋아했던 새벽 테니스운동을 멈추고 새벽마다 공부를 했다. 아침 공부에 방해될까봐 술자리도 줄이거나 1차만 하고 귀가를 빨리 했다.

그가 2019년도에 일반경영대학원을 갈 것인가? 창업경영대학원에 진학을 할 것인가를 고민한 적이 있었다. 마침 대한민국은 창업 붐이 한창이었다. 창업은 영어로 스타트업이라고도 한다. 설립한 지 오래되지 않은 신생 벤처기업을 뜻하는 실리콘밸리의 용어이다. 스타트업이란 멋진 용어와 도전정신에 우리는 꽂혔다. 그래서 최종 창업경영대학원을 선택했다. 창업대학원생들은 경영대학원생들보다도 확실히 젊은 인재가 많았다. 입학하던 날 가방을 챙겼다. 역시 아들 방에 들어갔다. 아들이 거북이처럼 늘 등에 메고 다니던 검정색 타이틀리스트 백팩을 챙겨주었다. 그런데 대학원생에게 운동선수 가방은 안 어울렸다. 순간 떠올랐다. 베트남 갔을 때 짝퉁시장에서 샀던 몽블랑 가방을 찾았다. 그 가방이 어찌나 진품처럼 보였던지 국내 백화점에서 귀중품이라며 물품보관코너에서 거부했을 정도였다. 남편은 대학교수님처럼 폼 나게 그 책가방을 들고 주 2회 학교를 잘 다니기 시작했다.

집에 와서는 텔레비전을 보지 않았다. 컴퓨터 앞에 앉아서 리포트를 작성하곤 했다. 이렇게 남편의 생활은 배움의 연속이 되었다. 어쩜 그렇게 신통방통하게 공부를 잘 하던지 신기했다. 한 달에 한 번씩 돌아오는 독서토론, 자신의 개인 저서 집필, 나중에는 논문을 위한 영어시험까지 잘 해냈다.

대체로 부모들은 애들이 공부를 잘하면 부모로서 큰 기쁨을 느낀다. 그런데 우리 시어머니는 남편이 열심히 공부하는 것을 거의 보지 못하고 돌아가셨다. 고등학교 진학은 딱 합격 커트라인 점수로 전주 인문계 고등학교를 진학했다. 대학 진학은 재수를 했다. 남학생들이 취업을 위해 선호하는 공대, 상대, 법대, 의대도 아닌 철학과를 재수해서 갔으니 좀 서운했을 것이다. 졸업 후 공무원 시험을 두 번 낙방했다. 세 번째 합격한 법원 공무원 시험의 기쁨도 잠시였다. IMF 직후 공무원 감축 분위기인 상황에서 연수원 성적이 좋지 않은 남편은 꼴찌로 발령 났다.

그런데 남편은 갈수록 배우는 즐거움에 푹 빠져 있다. 해마다 새로운 배움을 추가한다. 시어머니가 누려야 할 기쁨을 아내가 누리게 됐다. 나는 내가 하고 싶은 말을 입에 담는 성격은 아니다. 남편이 법원에서든 카네기에서든 학교에서든 발표를 잘하고 돌아온 날은 내가 말한다.

"당신이 이렇게 늦공부가 트여서 책도 쓰고, 신문에도 나오고, 청중을 감동시키는 강연도 잘하는 걸 어머니가 살아 생전에 보셨다면 얼마나 기뻐하실까? 조금 더 사셨더라면……. 어머니가 누려야 할 기쁨을 내가 누리는 것 같아 미안하네."

"……."

남편은 말이 없었지만 아내가 남편을 인정해주어 흡족해한 것 같았다. 나도 남편도 어머니께서 하늘나라에서 기뻐하실 것이라고 믿고 있다. 안방에 계신 어머니 사진은 늘 남편을 바라보며 웃고 계신다.

✳ 진짜 백팩이 잘 어울린다

한번은 남편이 중고 노트북을 30만 원 주고 사왔다. 투박하고 무거워 보였다. 충전기도 울퉁불퉁 구형이었다. 몽블랑 가방이 늘어지기 시작했다. 짝퉁이라 가죽이 형편없었나 보다. 보기 싫게 툭 튀어 나왔다. 남편 배처럼 튀어나와 정말 보기 싫었다. 내가 제일 싫어하는 게 남편 배였는데 가방까지 남편처럼 보였다. 보통 진학을 하면 부모나 친척들은 아이들에게 책가방을 사준다. 나도 늦게나마 대학원 입학기념 선물을 사주고 싶었다. 짝퉁 가방에 중고 노트북을 불평 없이 가지고 다닌 남편에게 조금 미안했다. 나는 남성용 백팩을 인터넷에서 한참을 고르고 골라서 남편에게 선물했다. 남편이 한때 열렬히 투자했던 제이에스티나 브랜드의 남성용 백팩이었다. 정말 소가죽 냄새가 나면서 고급지고 예뻤다.

그 가방을 매고 첫 출근 하는 날 아들과 나는 남편 기를 세워줬다.

"아빠, 정말 멋져요!"

"자기 진짜 백팩이 잘 어울린다. 등산 가방처럼 안 보이고 슬림해서 아주 세련돼 보여. 배 나온 몽블랑가방은 나이든 교수님 같았는데 백팩은 확실히 대학원생 같아."

그 가방을 매고 아침마다 출근하는 모습이 정말 젊은 학생처럼 보였다. 향학열에 불타는 남편을 가진 나는 정말 행복하다. 지난해 겨울 남편이 모임에서 제주를 다녀온 날이었다. 면세점에서 샀다며 제이에스티나 브랜드의 여성용 백팩을 내게 선물했다. 그리고 공직자로서의 마지막 월급날 초경량 13인치 여성용 노트북을 사주었다. 자신의 꿈은 물론 아내의 꿈까지 돌보는 남편이 요즘 정말 고맙게 느껴진다. 내가 해준 것보다 더 큰 것을 아내에게 선물할 줄 아는 통 큰 남편이랑 오래오래 잘 살아야겠다.

중년들이 즐겨보는 인터넷 카페에서 "멋있는 사람은 늙지 않는다. 멋있는 사람은 낡지 않는다."를 본 적이 있다. 나는 한마디를 더 붙이고 싶다. "꿈이 있는 남편은 늙지 않는다."고.

부부싸움을 풀어가는 대화법

* 하고 싶은 대로 원 없이 한번 살아봐라

최근 6개월 사이에 남편과 나는 두 번 한국소리문화의 전당 공연을 나란히 다녀왔다. 한 번은 한 달간의 부부싸움 끝에 화해하기 위해 갔다. 나머지 한 번은 부부 사이가 아주 좋을 때 행복하게 다녀왔다. 불과 6개월 사이인데 우리 부부에게 무슨 일이 있었던 걸까?

남편은 지난해 6월 6일 현충일을 이용하여 카네기 클럽 회원들과 중국 여행을 다녀왔다. 큰아들이 군에 입대한 뒤부터 남편은 그간 아들 뒷바라지로 참여하지 못했던 해외 일정을 원 없이 다니고 있었다. 남편은 내 눈치를 보며 떠났다. 나는 7월초에 있을 파견인사발령으로 고심이 컸던 시기였다. 남편이 없는 연휴 동안 나는 최신작인 〈기생충〉 영화를 볼 생각이었다. 먼저 보고 온 직장 동료가 가족 간에 보면 너무 슬프다고 했다. 남편 없는 동안 친한 직장 언니와 볼 생각이었다. 영화를 보러가는 중에 셋째 시누님으로부터 전화가 왔다.

"자네가 동생 개업에 찬성했다면서?"

남편이 출국 전 남편 직장 근처 요양병원에 계신 누님들께 인사를 한 모양이었다. 누님들은 남동생을 아끼면서도 승진할 생각보다는 개업이나 사회적 성공에 관심이 많은 동생을 늘 염려하고 있었다. 한 번씩 남편이 스트레스를 받고 왔다. 나는 "형님들이 경험한 세상이 당신하고 다르니까." 하며 남편을 위로하곤 했다.

사실 누님들이 만나는 분들은 대부분 공직자이거나 평범한 사람이었다. 반면에 남편이 10년 동안 근무시간 외 만나는 사람들은 주로 사업하는 사람들이었다. 그러니 오누이간 대화가 잘 될 리가 없었다. 여행을 다녀오겠다고 인사드리러 갔을 때 직장이 아닌 사회 클럽에서 간다 하니 누님들은 못마땅해했던 것 같았다. 궁지에 몰리자 남편이 나도 남편을 지지하고 있다고 말한 것으로 추정된다. 그것이 더 확대되어 내가 세상물정도 모르고 남편 개업을 찬성한 것으로 와전되어버린 것이다.

나는 이때껏 찬성도 반대도 아닌 회색분자였다. 궁지에 몰린 남편이 도대체 무슨 말을 했기에? 내가 왜 이 추궁을 당해야 하는지? 정말 속이 많이 상했다. 운전 중이라서 길게 통화는 못했다. 영화를 보는 둥 마는 둥 했다. 가난한 가정이 부자가 되기 위해 몸부림을 쳤지만 결국은 소중한 가족을 잃고 마는 슬픈 내용이었다. 그날 내 기분은 완전히 다운되고 말았다.

셋째 누님께 전화를 걸었다. 받지 않으셨다. 같이 계실 것으로 믿고 둘째 시누님께 전화를 걸었다. 받자마자 나는 "너무 억울하다."며 소리를 질렀다. 남편에 대한 원망, 미움, 그리고 시누님들의 지나친 우리 가정 미래에 대한 염려가 나를 돌아버리게 했다.

병환 중인 둘째 시누님도 또라이로 변한 내 전화를 감당하기가 어려웠는지 소리 지르며 나를 혼냈다. 나는 완전히 불쌍한 생쥐가 되어버렸다. 남편에 대한 분노감으로 잠을 잘 수가 없었다. 국제전화를 걸어댔다.

"당장 와서 수습해! 왜 내가 당신 개업 이야기로 형님들한테 야단맞아야 해?"

남편은 내 전화를 받다 말다 했다. 남편은 여행지에서 같이 방을 쓰는 분에게 엄청 망신스러웠을 것이다. 아무리 주의해서 전화 받아도 아내에게 쩔쩔매는 남자의 모습은 금방 나타나니까 말이다.

나는 잡념을 떨치기 위해 미친 듯이 집안일을 했다. 나머지 하루는 사무실에 출근해서 밀린 일도 미친 듯이 해댔다. 인사발령을 앞두고 어차피 정리해야 할 일이었다. 나는 남편에게 복수의 칼을 갈았다. '7월 정기인사 때 서울이나 세종으로 먼 곳으로 파견 가버리겠다. 간섭하는 마누라 없이 자기 하고 싶은 대로 원 없이 한번 살아봐라. 나도 남편이고 아들이고 다 잊겠다. 미련 없이 대도시 중앙부처에 가서 새로운 인생을 살겠다. 가서 안 내려올 거야.'라고.

사흘이 지나니 화가 좀 가라앉았다. 시누님들께도 미안한 마음이 들어서 사과 편지를 보냈다. 답장도 짤막하게나마 받았다. 남편이 돌아오는 날 내게 톡이 왔다. 면세점에서 샤넬향수를 샀다는 것이다. 누군가 코칭을 해준 것 같았다. 솔직히 나도 기분이 조금씩 풀렸다. 그래도 선물은 선물이고 근본적인 서운함은 쉽게 풀리지 않았다. 남편은 나에 비해 인생을 아주 즐겁게 사는 것이었다. 정말 자유로운 영혼 같았다. 우리 집은 군대 간 큰아들 외에도 국악을 하는 작은아이 뒷바라지와 픽업 등 신경쓸 것이 많다. 이 와중에 내가 먼 곳으로 발령 나면 남편은 과연 작은아들을 잘 챙길 것인가? 내가 없는 틈을 타서 더 자유롭게 살 것인가 별별 고민이 다 되었다.

상심이 가득한 채로 출퇴근하는 길에 김창옥 교수의 콘서트 광고가 눈에 띄었다. 주제가 '잘 살아보세'였다. 나는 남편에게 화해와 애정 테스트의 기회로 콘서트에 가고 싶다고 말했다. 남편은 바로 로얄석을 예매했다. 콘서트 가는 날이었다. 금요일 저녁이라 차가 막히니 서둘러야 했다. 남편은 공연장 가는 길에 누님께 한번 들르자고 했다. 나는 다시 열이 확 받았다. 내가 비록 카톡 상으로 사과 편지를 주고받았지만 정말 만나기 싫었다. 동생 내외를 아낀다 하면서도 한 번씩 고지식하게 충고를 했다. 매번 반론을 제기할 수도 없었다. 두 아들을 예체능 시키는 것까지 못마 땅해 하셨다.

또 내가 알뜰하지 않다는 것까지 자주 지적했던 터라 나는 불편했다. 누님들은 동생 내외가 냉전인 것을 감지해서 저녁식사라도 같이 하자고 했던 것 같았다. 부부 화해의 데이트 시간마저도 시누님들이 끼어든 것 같았다. 사생활을 한시도 보호받지 못하는 기분까지 들었다. 콘서트 참여에 의의를 두고 나는 꾹 참고 밥 한술 뜨고 정말 도망치듯 빠져나왔다. 남편이 조금만 더 섬세하게 내 기분을 달래주면 좋으련만.

✻ 우리도 사랑을 다시 한 번

콘서트는 역시 김창옥 교수답게 즐겁고 유쾌한 힐링 시간이 되었다. 소통이 주제였다. 여러 가지 좋은 말씀을 해주셨는데 나는 그중에 '말이 통하는 남자', '말을 예쁘게 하는 여자'와 결혼해야 한다는 말에 공감이 갔다. "우리 부부는 서로 말이 통하는가? 나는 남편에게 말을 예쁘게 하는가?" 생각해봤다. 어느 정도 말은 잘 통하는데, 내 기분에 따라 가끔씩 말을 밉게 한다는 반성이 되었다. 콘서트가 끝나고 남편은 내게 김창옥 교수의 최신작 『지금까지 산 것처럼 앞으로도 살 건가요?』를 사주었다. 그 후로 남편은 나를 지능적으로 회유하기 시작했다. 또 스펜서 존슨 저 『누가 내 치즈를 옮겼을까?』를 읽어보라고 했다. 인생에서 일어날 변화에 대응하는 지혜를 담은 책이었다. 그리고 자신의 저서를 마무리해가면서 원고 내용을 교정해달라고 했다. 자신의 생각을 서서히 내게 불어넣었던 것이다.

그리고 남편은 나에게 "장거리로 파견 나가지 말고 전주에 머물러달라."고 간절하게 정중하게 요청했다. 나는 그 소리가 '나는 당신이 필요해요. 내 곁에 있어줘요.'로 들렸다. 남편은 나의 지지 속에 명퇴와 개업을 준비하고 싶어했다. 나는 남편 상황과 고3이 되는 아들 그리고 내 건강 상황을 종합하여 인사고충상담에 들어갔다. 감사하게도 나는 지난해

7월, 집 가까운 곳으로 파견 발령이 났다. 명퇴 여부 관련 부부싸움도 그 후로 끝났다. 나도 모든 걸 새롭게 시작하는 기분으로 지난 6개월을 보냈다. 그리고 나를 믿고 착실히 출판과 개업을 준비해준 남편이 한없이 자랑스럽고 사랑스러워 보였다. 그도 나를 그렇게 여기는 것 같았다. 최근 다녀온 성악 공연은 테너 이승희 교수가 아내인 권정옥 님의 피아노 반주에 맞춰 '사랑을 다시 한 번'이란 주제로 여러 곡을 청중들에게 선사했다. 그의 아내는 한마디 말도 없이 반주만 했다. 그러나 이 교수의 노래와 멘트를 통해서 음악과 인생의 반려자인 아내가 얼마나 내조를 잘했는지 느낄 수 있었다.

나도 남편의 성장을 돕는 지혜롭고 사랑스런 아내가 되고 싶다. 그의 성장 지향점은 우리 가족 전체의 성장이다. 나는 음악회에서 만난 남편의 지인들로부터 많은 축하를 받았다. "이 법무사님 책은 읽을수록 좋아요. 개업 초기인데도 사업이 잘되니 기쁩니다." 하고. 내가 쓴 책도 아니고 내가 개업한 것도 아닌데 나를 향해 말했다. 나의 공이 크다고 남편이 말했을까? 나는 뜨끔했다. 지난 1년 동안 명퇴 여부로 너무 많이 싸웠던 것이다. 나도 남편에게 힘을 주는 말, 예쁜 말 하는 아내가 되어야겠다.

"6개월 전 '내 곁에 머물러달라'는 그 한마디가 지금도 행복합니다. 오래도록 함께하고 싶습니다."

04

때로 말 대신 따뜻하게 손을 잡아주라

＊ 남편 손은 약손

마음에 와 닿는 따뜻한 시가 있다. 송정림 작가의 「놓고 싶지 않은 아름다운 손」이다.

'힘들고 지쳐 있을 때

잡아주는 손이 있다면

얼마나 행복할까요.

(중략)

사랑하는 사람의 손이 닿기만해도

마술에 걸린 듯 전율이 흘러서

더 잡고 싶은 고운 손.

당신의 손이 있기에

영원히 놓고 싶지 않은 아름다운

당신의 손입니다.'

나는 위 시처럼 '놓고 싶지 않은 아름다운 손'을 가진 행복한 사람이다. 그 손은 남편 손이다. 남편 손은 나보다 작고 가늘다. 그리고 부드럽다. 남편 손이 제일 따뜻하게 느껴졌을 때는 내가 아플 때였다. 한 번도 나에게 "병원에 가봐, 약 사먹어." 이렇게 성의 없이 말한 적이 없었다. 나는 만성빈혈을 앓고 있다. 자주 얼굴 근육이 뭉치거나 머리가 아프다.

그리고 아랫배가 뭉치고 발끝이 저려올 때가 많았다. 20년 넘게 이런 아내를 바라보며 아프다는 소리가 지겨웠을 텐데도 그는 손으로 머리에 열이 있는 가를 재보고 아랫배가 얼마나 차가운지를 점검한다. 의사는 아니지만 심장에서 가장 거리가 먼 얼굴과 손끝 발가락 끝을 주물러주면 정말 피가 도는 것 같았다. 이후 검지와 중지로 아랫배 뭉친 곳을 꾹꾹 1분 이상씩 눌러주면 배도 풀린다. 손가락에 눈이 있는 것도 아닌데 약손이 된다. 그리고 방바닥 온도를 올려주고 나더러 땀을 내고 자라고 배려해준다. 그러면 정말 대부분 회생이 된다.

내가 바로 회복되지 않을 때는 응급실에 데려다 주었다. 항생제, 영양제를 다 맞을 때까지 병상을 지켜줬다. 항상 배에 이불을 덮어주던 따뜻한 사람이었다. "직장을 하루 쉬라."고 말을 했지만 나는 거의 출근을 했다. 아픈 날엔 이상하게도 내가 해야 할 일이 많았던 것 같았다. 일이 많아서 몸에 무리가 왔던 것을 반증하는 것처럼. 남편은 나를 병원 근처 해장국집에서 밥을 먹여 출근시킨다.

나는 출근하면 또 열심히 일한다. 아픈 걸 잊는다. 점심 때쯤 전화가 온다. 남편이 나를 많이 걱정하는 목소리였다. 그 안부 전화에 나는 또 오후를 버틸 힘을 받는다.

남편이 10년 전에 우리 가족 건강을 위해 사이토 마사시의 저서 『체온 1도가 내 몸을 살린다』를 사온 적이 있다. 체온이 1도 내려가면 면역력은 30퍼센트 떨어지고, 반면에 체온을 1도만 올려도 면역력이 500~600퍼센트 향상된다고 한다. 체온 건강법에 대한 좋은 의학서로 나는 생각날 때마다 읽고 있다. 시댁에 암 환자가 많다 보니 남편은 평소 암에 대해서 좀 우려를 하고 있었다. 건강검진 할 때면 조직검사 결과가 나올 때까지 걱정이 되어 노심초사했다. 그런데 이 책을 읽고 나서는 아예 지난 10년 간 직장에서 실시하는 건강진단을 받지 않았다. 운동을 통해 체온을 상 승시키며 활기차게 살겠다는 지론을 갖게 된 것이다.

그가 즐기는 운동은 테니스였다. 어느 날 그는 나에게 테니스 라켓을 사다 주었다. 신혼 초에 나는 남편이 저녁 늦게까지 운동하고 들어올 때 가 많아서 테니스라켓 가방만 봐도 싫었었다. 나는 운동신경이 정말 없 었다. 수줍음을 무릅쓰고 동네 코트장에 나간 지가 나도 15년이 넘었다. 경기보다는 건강하기 위해 코치 선생님으로부터 주 2회 레슨을 받았다. 내가 경기 실력이 늘지 않자 남편이 폭발하듯 화를 낸 적이 있었다. 한마 디로 운전연습 시킬 때처럼 가르칠 때는 무서웠다. 포핸드그립을 너무 두텁게 잡는다나 어쩐다나 하면서⋯⋯. 그래도 나는 손바닥에 물집이 잡 히고 엄지손에 피가 나도록 운동을 했다. 그 결과 선수는 못 됐어도 감기 한 번 걸리지 않게 되었다. 안타깝게도 오른손아귀는 더 넓어졌다.

나는 날 때부터 좀 손바닥이 넓고 손가락이 굵고 길다. 게다가 손등에 는 핏줄이 지도 산맥처럼 도드라졌다. 친정엄마는 내 손이 길어 게으르 다고 했다. 사려 깊으신 분들은 피아노 연주하기 좋은 예술가 손이라고 했다. 남편 손이 내게 많은 사랑을 줬다면 남편에게 내 손은 어떤 손일 까? 내 손은 사무실 컴퓨터 자판기만 누르는 데 바빴던 것 같다. 내 손이 남편에게 기여를 했다면 딱 한 가지다. 두 아들이 내 손을 닮은 것이다. 큰아들이 골프채를 잘 잡을 수 있었고, 작은아들이 거문고 타기에 유리했다.

* 다이아보다 큐빅 반지가 좋아

예쁘지 않는 내 손이 남편에게 엄청난 사랑을 받은 적이 있다. 시어머니가 암이 재발하게 되어 시골에서 명절을 쉴 상황이 아니었다. 남편은 선뜻 전주 우리 집으로 모시겠다고 말을 못 했다. 나는 "우리 집에서 지내자." 하며 목기를 챙기기 시작했다. 그 뒤로 우리 집에서 지내게 됐다. 이 점이 고마웠는지 남편은 반지를 사주었다. 나는 사양하지 않고 백화점에 따라갔다. 평소에 제이에스티나 판매 동향이 궁금해서 구경만 다녔는데 고객으로 간 것이다. 나는 실반지에 티아라를 올린 반지를 여러 개 껴보았다. 그런데 정말 투박한 내 손에 얇은 실가락지는 나를 초라하게 만들었다. 매장 매니저가 잠시 후 크고 굵은 화이트골드 큐빅 반지를 권했다. 수많은 큐빅 위에 왕관을 올려놓은 것인데 반지가 돋보였다. 그런데 아뿔싸, 내 손가락에 들어가질 않았다.

일주일 후에 주문제작한 반지를 찾는 날이었다. 정말 행복 그 자체였다. 내 손이 큰 만큼 큰 반지가 어울렸다. 나는 자동차 핸들에 내 손을 올려놓고 여러 컷을 찍어서 남편에게 고맙다고 톡을 보냈다.

내가 반지에 애착이 많은 이유가 있었다. 내가 결혼할 때 남편과 나는 예단 비용을 너무 아꼈다. 내 직장 동료들은 작은 알이라도 다이아몬드 반지를 선물 받았는데 나는 14K 가락지 수준이었다. 나는 한이 맺혀서 도련님이 결혼할 때 동서에게 다이아몬드 반지를 선물했다. 내가 갖고 싶은 걸 동서에게 해준 걸 남편이 많이 미안해했던 것 같았다. 나는 화이트골드였지만 다이아몬드 반지 이상으로 이 반지가 아주 소중하게 느껴진다.

나의 유일한 자랑할 곳은 역시 직장 동료들이었다. 한동안 머리가 아프다며 이마에 손을 댔던 기억이 난다. 모두 다 예쁘다고 했다.

남자들이 연애시절이나 신혼 초엔 애인이나 새각시에게 달콤한 사랑 고백과 선물 공세를 많이들 한다. 나는 그런 추억이 없다. 솔직히 서운했었다. 그런데 살아보니 그는 상대의 입장에서 지금 가장 필요한 것이 무엇인가를 판단하고 그것을 기꺼이 채워주었다. 신혼 때 못 받은 선물은 지금도 많이 받고 있어서 더 이상 아쉬움은 없다. 사실 반지 선물보다 더 좋은 것은 남편의 따뜻한 마음과 약손이었다. 이런 따뜻한 심성은 어디서 왔을까? 당연히 시부모님과 시누님들이 그를 정성으로 키웠기에 남편이 그 받은 사랑을 나와 두 아들에게 오롯이 주는 것 같다. 나도 그에게 따뜻한 마음을 담은 손길을 건네고 싶다. 우선 체온 1도를 높여 건강한 아내로 다가가야겠다.

명작 속의 완벽한 연인들

오 헨리 소설, 『크리스마스 선물』

짐 (남편) : 당신 말은, 이제 머리채가 없다는 거지?

델라 (아내) : 여보, 지금은 크리스마스이브예요. 저에게 잘 해 주세요. 당신을 위해서 그것을 판 것이니까요. 내 머리카락 수는 셀 수 있을지도 몰라요. 그러나 그 누구도 당신에 대한 나의 사랑을 헤아릴 수는 없어요.

짐 (남편) : 델라, 나를 오해 말아요. 당신이 머리카락을 자르건 면도를 하건 샴푸를 하건 어떤 경우에도 그런 것 때문에 당신을 덜 좋아하지는 않아. 하지만 당신이 그 꾸러미를 풀어보면, 왜 내가 처음에 잠시 멍해졌는지 이유를 알게 될 거야.

05

남편을 좋은 친구로 만드는 대화법

* 함께하면 멀리가고 행복하다

우리 부부는 1년 6개월 동안 중국어 회화를 배운 적이 있었다. 중국인 유학생 아가씨 선생님이 우리 집을 주 2회 방문하여 가르쳤다. 우리는 중국어로 노래도 배우고 회화책 3권을 배웠다. 그녀는 한국에서 국어국문학 석사를 취득하여 한국말이 아주 능통했다. 그래서 우리 부부간에 나누는 대화를 거의 다 이해했다. 학생들이나 성인들을 집합으로 가르친 적은 있었어도 이렇게 부부를 대상으로 가르친 것은 처음이라고 했다. 우리 부부와 매우 친밀해지자 어느 날 우리에게 말했다. 자신도 "결혼하면 따리통쉐(이씨학생) 부부처럼 행복하게 살고 싶다."고 했다. 누군가의 결혼 롤 모델이 된다는 건 참 기쁜 일이었다.

당시 우리 부부는 둘 다 중국 파견 근무 꿈을 갖고 있었다. 서로의 발음에 웃어가며 재미있게 배웠었다. 아쉽게도 자녀들 예체능 과외비가 너무 부담되어 우리 부부의 레슨은 중간에 멈췄다. 그 후 중국어 선생님은 우리 동네 근처 총각과 결혼하여 행복하게 잘 살고 있다. 우리 부부는 지금도 그녀와 자주 만나고 있다. 행복하고 감사한 인연이다.

중국인 유학생도 인정한 것처럼 우리 부부는 사이좋은 친구로 살고 있다. 애들이 일찌감치 진로를 찾아 각자의 길을 가게 되어 우리 생활이 부부 중심으로 변한 것이 한몫했다. 맛있는 것 있으면 같이 먹고 싶고, 좋은 영화 나오면 시간을 내서 같이 본다. 또 상대가 어딜 가자 하면 같이 가주고, 상대가 힘들어하면 같이 기다려주고, 상대가 기쁜 일 있으면 내가 더 기뻐하는 관계가 되어버렸다.

이제는 정말 부부라기보다는 같은 방을 쓰는 룸메이트 같다. 맞다. 대화도 부부간에 정을 나누는 대화라기보다는 친구처럼 일상 대화가 더 많다. '좋은 친구 같은 부부'는 많은 부부들의 로망이다. 우리가 오랫동안 친구처럼 살아온 비법은 뭘까?

남편이 "여행 가자"하면 "let's go!"라고 말한다

남편은 친구랑 여행가기를 좋아한다. 결혼 후 국내여행은 물론 사이판, 중국, 일본, 베트남 여행을 다녀온 적이 있다. 모두 우리 부부 둘만이 아닌 남편 친구 부부들과 함께 갔다. 처음에는 돈도 아깝고 좀 망설였다. 우리 가족이나 우리 둘만의 여행을 원했는데 다녀보니 여러 부부가 함께 가는 게 더 즐거웠다. 경제적 시간적 여유가 있어서 간 것은 아니었다. 돈과 시간의 가치를 뛰어넘는 가족 간에 쌓아가는 행복한 추억 가치가 더 컸기 때문이다. 그래서 남편이 여행 계획을 말하면 언제나 "let's go!"며 흔쾌히 따라 나선다. 여러 가족이 시간을 같이 맞추기는 어려웠지만 행복하게 살려는 남편 친구들이 의기투합하면 항상 즐거운 여행이 되었다. 계속해서 아름다운 추억과 여유라는 쉼표를 자주 찍었으면 좋겠다.

"혼자 가면 빨리 가지만 함께 가면 멀리 간다."는 말이 있다. 이 말은 인생이라는 긴 여정에 친구와 가족이 얼마나 소중한지를 깨닫게 하는 말이다. 자신의 영달만을 위해 질주하는 삶보다는 친구를 사귀고, 배우자와 가족을 이루고, 서로를 보살피고 배려하며 함께 가는 삶이 풍요롭고 아름답다는 생각을 해본다.

"커피 한잔 할 건가?" 물으면 "응, 좋아!"라고 말한다

시어머니께서 돌아가신 뒤부터 명절 연휴 보내는 패턴이 확 달라졌다.

차례상을 물린 뒤 남편은 아들과 함께 시골 산소와 시댁어른들을 찾아뵈러 장수와 남원에 내려간다. 당일 저녁 때쯤 다시 전주에 올라온다. 나는 집을 정리하다가 파김치가 되어 있을 때가 많았다. 남편도 막히는 도로 차운전으로 피곤하기는 마찬가지였다. 남편이 우리 모두를 구하는 말 "커피 한 잔 할 건가?" 묻는다. 그러면 나는 "응, 좋아. 나가자!" 하며 기꺼이 따라 나간다. 우리 집 주변에 걸어서 갈 수 있는 커피숍이 많다. 남편과 같이 걷고 대화하다 보면 정말 즐겁고 행복했다. 시댁에서 만난 친척들 이야기도 들려주면서 남편은 모처럼 말을 많이 한다. 나는 "응, 그래, 그랬구나." 하며 관심을 보인다. 우리 집에 참기름, 통깨까지 보내주시는 작은어머니 안부를 상세히 더 묻기도 한다. 남편이 시댁 어른들을 찾아 뵐 때 환영받는 장면을 상상하면 기분이 좋다. 내가 칭찬 받거나 환영받는 느낌이 들어 즐겁다.

내 취향 아니라도 선물엔 "정말 고마워!"라고 말한다

남편이 제이에스티나 주식이 잘 나갈 때 1년에 1~2개씩 왕관 심볼이 새겨진 가방이나 쥬얼리를 사준 적이 있었다. 가장 인상 깊은 가방은 일명 김남주 가방이다. 드라마 〈넝쿨째 굴러 들어온 당신〉에 들고 나와서 인기가 있었던 빨강색 가방이다. 정열적인 색이라 나는 조금 부담스러워했다. 남편은 "자기야, 빨강 가방의 왕관 심벌이 확 꽂힌다."며 나에게 선물했다. 용기를 내서 들었다. 어느 날 직장 책상에 올려놓았는데 평소 과

묵했던 남자 상사도 그 가방을 칭찬한 적이 있었다. 또 소녀시대 유리가 선전한 빨간 빗살무늬 숄더백을 메고 태국 여행을 간적이 있었다. 젊은 남자 현지 가이드가 예쁘다고 칭찬을 많이 해줬다. 나는 남편에게 "자기가 사준 가방마다 남자들이 다 예쁘다고 그래. 정말 고마워!" 그러면 남편은 무척 기뻐했었다.

　나는 아가씨 때부터 가방이나 액세서리 취향이 없는 무미건조한 여성 공직자였다. 남편이 투자한 주식이 패션 쥬얼리 회사다 보니 남편은 매출에도 기여할 겸 나에게 선물을 자주했다. 덕분에 과분한 백이나 쥬얼리를 종종 착용하고 다녔다. 남편 덕분에 멋진 가방과 예쁜 보석으로 호강했으니 정말 감사할 일이다.

＊ 때로는 분별력 있는 쓴 소리를 하라

포도나무 법무사 TV 첫 구독자로서 "재검토, 보완하세요."라고 말한다

　남편은 자신이 성취해서 달성한 기쁜 일을 그 누구도 아닌 나에게 가장 빨리 전한다. 마치 성적을 잘 맞은 아이가 엄마에게 자랑하는 것처럼 들떠서 말한다. 요즘 그가 제일 재미나게 하는 일은 유튜브 찍는 일이다. 법무사 사무실이나 이른 새벽 집에서 홀로 작업을 한다. 심혈을 기울이고 편집하여 대외 비공개로 일단 나에게만 열람시킨다.

사실 성공하는 유튜버가 되려면 영상 교육도 체계적으로 공부해야 되고 콘텐츠가 풍부해야한다. 옆에서 지켜보니 열정과 내공이 필요한 일이었다. 욕심이 앞서면 품격이 없고 쓰레기 방송이 될 수가 있다. 그래서 나는 이 유튜브만큼은 한 번에 "좋다."는 말을 하지 않는다. 늘 "재검토, 보완하세요." 한다. 글씨나 홍보 효과를 업 시키라는 뜻은 아니다. 혹시 방송되는 사례로 누군가가 상처받을 일이 없는지를 살펴보고, 내용 자체가 좋은 공익방송이 되도록 한 번 더 보완하길 당부하는 것이다. 처음에는 내 말에 많이 서운해했었다. 그래도 나중에는 아내의 독설이 자신을 더 빈틈없이 강하게 만드는 쓴 약이 되었음을 고마워한다.

나야말로 내 남편의 사업이 누구보다 잘되기를 원한다. 그러나 고객 유치를 위한 공격적인 홍보 욕구보다는 절제를 통한 내실을 남편에게 당부하련다. 왜냐하면 내 남편은 4,500송이 포도송이를 맺기 위해서 튼튼한 뿌리를 깊게 내리면서 멀리 뻗어나가야 하기 때문이다.

소크라테스 명언 중에 "사탕 발린 칭찬이 아닌 분별 있는 애정의 증표로 친구를 사귀어라."는 말이 있다. 이는 듣기 좋은 말만 해준다고 해서 좋은 벗이 아니라 나를 있는 그대로 봐주고 단점은 과감히 지적해줄 수 있어야 좋은 친구라는 뜻이다. 여기서 단점을 지적한다는 것은 비난이 아니라 발전과 성장을 위한 쓴 보약을 의미한다.

나는 남편과 사귀는 여자 친구가 아니다. 때로는 직설을 할 수 있는 분별력이 있는 아내이고 싶다. 물론 가벼운 일상에서 긍정하는 말과 사랑이 샘솟는 칭찬은 남편의 기와 기분을 살린다. 더 잘할 수 있는 응원의 힘이 된다. 그러나 부부 관계에 국한하지 않고 공적인 관계까지 영향을 미치는 일이라면 상황에 따라 분별 있는 칭찬이 필요하다. 내가 이렇게 내 생각을 남편에게 충실하게, 정직하게 표현할 수 있는 것은 내가 어떤 직언을 하더라도 남편이 오래 서운해하지 않고 화를 내지 않기 때문이다. 그가 큰 그릇임을 알기 때문이다. 남편은 내 일평생 다시 만나기 어려운 좋고도 귀한 진짜 내 남자친구다.

명작 속의 완벽한 연인들

샬럿 브론테 소설,『제인 에어』

제인 (여) : 당신이 저에게 주는 것이라면 무엇이든 감사해요. 그렇지만 제발, 아직은 보석을 가져오지 마세요. 이 물건들은 정말 중요한 것에 비하면 별로 의미가 없어요.

로체스터 (남) : 정말 중요한 것이 무엇이오?

제인 (여) : 내가 당신을 믿을 수 있고, 당신이 언제나 나에게 친절히 대하고, 정직한 것이지요.

06

시댁에는 늘 남편을 칭찬하라

* 옷걸이가 좋아서 뭘 입어도 잘 어울려요

남편은 탄생 그 자체가 시댁의 기쁨이었다. 5녀 2남 중 여섯 번째로 태어난 장남이다. 나는 결혼과 동시에 시댁 식구 일원으로 편입되었다. 남편에 대한 시부모님과 시누님들의 사랑이 어찌나 크던지 남편이 사랑받기 위해서 태어난 사람이란 걸 충분히 실감했다. 같이 따라 사는 나에 대한 사랑과 환대는 나로서는 특혜였다. 결혼생활 내내 과분한 사랑을 받았음을 고백한다.

시댁어른들은 남편에 대한 나의 작은 배려에도 기뻐하고 행복해했다.

애가 태어나기까지 거의 주말마다 시댁에 가서 하루 밤씩 자고 왔다. 나는 일하기 편한 옷을 입고 가지만 남편의 옷차림에는 특별히 신경써줬다. 출근할 때처럼 신사복 바지와 와이셔츠 그리고 자켓을 입힌다. 남편이 훤해 보이면 시어머니는 나에게 무언의 감사표시를 보낸다. 시댁에 오신 형님들은 말한다.

"우리 동생 멋있다. 비싼 옷 같은데?"
"아니에요. 병은 씨는 옷걸이가 좋아서 뭘 입어도 잘 어울려요."
"자네가 신경을 써주니까 동생 인물이 살아나 보여. 고마워."

내 칭찬이 계기가 되었을까? 남편과 체격도 비슷하고 베스트드레서인 애들 셋째 고모부께서 남편 옷을 자주 사주셨다. 시누님들이 남편을 사랑하니 자형들의 사랑도 정말 대단했다.

친정아버지께서 아주 좋아하시는 '신언서판(身言書判)'이란 말이 있다. 중국 당나라 때 관리를 뽑을 때 평가하는 기준이다. 사람은 인물이 좋아야 하고, 언변이 좋아야 하고, 학문이 높아야 하고, 분별력이 있어야 한다는 뜻이다. 친정아버지는 이런 사위를 얻고 싶어 했다. 첫 선 보는 자리에서 친정아버지는 남편을 보고 신수가 훤하다며 호평했다.

한때 나는 그가 술 마시는 게 너무 싫었다. 또 공무원답지 않게 돈 버는 것에 관심 많은 것도 싫었다. 그래서 남편을 흉볼 때 '주색잡기(酒色雜技)' 중 '색'만 빼고 술과 잡기에 능하다며 비꼬면서 평했다. 그런데 남편이 어느새 성장했는지 내 눈이 변했다. 남편이 점점 '신언서판'에 가까운 사람으로 보이기 시작했다.

'신언서판' 중 '신'은 당연 합격이고 '언'은 남편의 약점이라고 생각했다. 우선 목소리가 비염으로 코맹맹이 소리다. 사투리도 심하다. 또 대인관계에 있어서 먼저 말을 걸거나 긍정적인 추임새를 제때 말하는 사람도 아니다. 아내인 나에게 빈말이라도 '사랑한다'고 먼저 말할 줄 모른다.

그러던 그가 놀랍게 변했다. 오래도록 책을 읽기를 즐겨하더니 드디어 일을 냈다. 카네기 클럽 대상 경영 주제 특강이나 직장 내 친절 교육이나 등기실무 사례 연구에 대해서는 한 시간이상 강의를 아주 멋지게 잘하게 되었다. 강의 의뢰를 받으면 3주 이상 열심히 원고를 준비하고 아침저녁으로 연습을 했다. 자신이 선택한 주제에 대해서는 누구보다도 전문가가 되었고 달변가가 되었다. 특강 사례로 고급 찻잔세트나 고급호텔 숙박권을 받아오곤 했다. 나는 그것을 내가 누릴 수 없었다. 남동생 가족을 위해 늘 새벽기도해주시는 셋째 시누님께 드렸다. 나는 남편의 발전적인 모습을 돌아가신 시어머니 대신 늘 시누님께 자랑하고 싶었다. 그리고 같은 마음으로 기뻐해주는 시누님을 보며 남편과 사는 것에 행복을 느꼈다.

✻ 신문에 화제의 인물로 나왔어요

'신언서판' 중 '서'는 남편에게 있을까? 이 또한 남편의 취약점이다. 그의 얼굴보다 그의 손 글씨를 먼저 봤다면 결혼 안 했을 정도다. 그의 성장 과정을 들어보면 공부보다는 놀기를 좋아했다. 글씨는 흘림체 이태리체로 정성스럽지 못했다. 일기나 편지는 아예 쓰지 않는 사람이었다. 그러던 그가 10년 이상 책을 읽고 경영인들과 교류를 하더니 책 한 권을 썼다. 남편은 행여 내가 시누님들에게 미리 홍보할까 봐 "책 쓴다는 말을 하면 아무도 안 믿는다. 오히려 놀림당한다."며 나에게 비밀유지를 신신당부했다. 드디어 원고가 완성되고 출판계약까지 이뤄지자 남편이 나에게 계약서를 내밀었다. 이후 남편은 우리 집안의 자랑거리가 되었다. 신문에도 나왔다. 지역대표신문인 J일보에도 보도되었다. 나는 친정 옆 동네 사시는 큰시누님께 자랑하고 싶었다. 친정아버지께 전화 드렸다. 친정아버지를 동원해서 칭찬하는 게 효과가 클 것 같았다.

"아버지, 우체국에 가시면 J일보 신문 있어요. 신문 펼쳐보면 거기 이서방이 화제의 인물로 나왔어요. 보세요. 아, 그리고 책 5권 보냈으니 아빠가 큰시누님 댁에도 전해주세요."

"이 서방이 대단한 일을 했구나. 알았다."

그런데 며칠 후 큰일이 생겼다. 아무리 눈이 나쁘거나 시간이 없어도 책 선물을 받으면 누구나 책표지에 있는 작가 프로필을 꼭 본다. 그 책표지에 '전주지방법원 명예퇴직, 2020년 1월 개업을 준비하고 있다.'가 시어른들을 자극해버린 것이다. 시부모님이 돌아가셨으니 제일 큰 어른은 큰시누님 내외시다. 친정아버지가 내 대신 남편 책 자랑하러 갔다가 오히려 근심을 드리게 됐다. 친정과 시누님 댁에서 얼마나 걱정을 하셨는지 미루어 짐작이 갔다.

지난해 12월 초 퇴근시간 다 되어 남편으로부터 전화가 왔다. 다급한 목소리였다.

"큰일 났어. 아버님이 나 명퇴 말리려고 전주에 오셨어. 곧 등기소 도착하신데."

"아이쿠야."

"나 오늘 대학원 수업도 있는데, 어쩌지?"

남편은 은근히 나에게 해결을 원하는 것 같았다. 장인어른이 직장에 와서 사위 면퇴 말리는 모습 상상만 해도 가관이다. 책을 먼저 보낸 내가 잘못이었다. 내가 해결사로 나섰다. 남편에게 아버지를 일단 커피숍으로 모시게 했다. 이 서방은 대학원 수업을 가야 한다고 양해를 구하고 남편을 내보냈다. 이후 아버지를 오픈 준비 중인 법무사사무실로 모시고 왔다. 그리고 긴 이야기가 시작되었다.

"아버지께 저는 감사 말씀드리고 싶어요. 이 서방에게 저를 시집보냈으니까요. 아버지가 역시 사위 보는 눈이 있었어요. 결혼 초엔 잘 몰랐는데 살아보니 '신언서판'을 갖추었어요. 그중에서 판단력이 제일 뛰어나요. 이 서방은 무슨 일을 하든 그냥 하지는 않아요. 충분히 생각하고 공부하고 승산이 보이면 행동하는 사람예요. 결정하면 뒤 안 돌아보고 어려운 일들을 멋지게 해냅니다. 큰시누님께도 잘 설득해주세요."

그 후 해피엔딩이 되었다. 아버지는 딸 중매결혼 일등공신인 큰시누님께 남편 개업을 지지하자고 말씀하신 것 같았다. 남편 개업식 때 큰시누내외님이랑 같이 오셔서 크게 축하해주셨다. 큰시누님은 특별히 축하금 외에도 쌀 한 가마니를 주셨다. 시골에서 쌀을 주신다는 것은 아주 큰 선물이기에 나는 정말로 기쁘게 받았다.

남편과 내 결혼의 기획은 시어머니와 친정어머니셨지만 총괄 지도감

독자는 친정아버지와 큰시누님 내외시다. 이분들의 지지와 윤허가 없는 남편의 개업은 위험했다. 처가와 본가에서 끝까지 남편 개업 반대가 극심했다면 남편이 빠른 속도로 개업 기반을 닦기가 어려웠을 것이다. '외우내환(外憂內患)'의 남편 개업이 될 것인가? '화기애애(和氣靄靄)'한 가정이 될 것인가는 모두 내가 남편을 어떻게 생각하느냐에 달려 있었다. 남편의 장점인 '신언서판'을 내가 뒤늦게라도 알게 되어 다행이다. 친정과 시댁에 나는 늘 남편을 칭찬하며 살련다. 양가 어른들은 우리 결혼의 절대적인 지지자라서 칭찬과 자랑을 지겨워하지 않는다. 양가 어른들의 지지와 사랑으로 남편이 승승장구하길 바란다.

명작 속의 완벽한 연인들

데이미언 셔젤 감독 영화, 〈라라랜드〉

미아 (여) : 우린 지금 어디쯤 있는 거지?

세바스챤 (남) : 그냥 이렇게 흘러가는 대로 가보자.

07

남편의 자존감을 높여주는 대화법

✳ 진심 어린 사과가 잘 전달되었을 거야

요즘 나와 남편의 화제는 온통 법무사사무실 이야기다. 이야기를 하다 보면 내가 초기 창업주인 것처럼 신나고 즐거울 때가 많다. 며칠 전에 전 직 법원 동료가 법무사 개업을 앞두고 컨설팅을 받으러 오셨다고 했다. 나는 기뻤다.

"당신이 누군가에게 성공 스토리의 주인공으로 롤 모델이 되고 있구 나."

"사진이랑 찍어서 카페에 올렸어."

"잘했어. 컨설팅 첫 손님이네. 용기내서 온 분인데. 서로에게 도움 됐겠네."

나는 남편이 운영 중인 카페를 방문해서 댓글을 남겼다. 내 필명은 포도나무 팬이다. '컨설팅은 보약이자 예방주사입니다.'라고 응원을 했다.

개업한 지 두 달 동안 좌충우돌한 일이 많았다. 한 달간은 사무장이 없었다. 혼자의 힘으로 서류를 작성했다. 손님은 주로 기존 인맥에서 사건이 찾아왔다. 그러다가 한 번씩 인터넷 보고 찾아오거나 동네 주민들이 찾아왔다. 하루는 동네에서 'P'씨 성을 가진 손님이 거래하는 기존 법무사사무실이 있었음에도 남편을 찾아왔다. 반가운 마음에 남편은 속전속결 처리해 드렸다. 'P'씨가 남편으로부터 받은 서류를 다른 관공서에 제출했는데 중대한 하자가 발견되었다. 성씨 'P'를 남편이 'B'로 기재한 것이다. 고객은 남편에게 전화를 걸어 크게 야단을 쳤다고 했다. 남편으로부터 그 말을 듣는 순간 나도 당황했다. '한국 사람에게 있어 성을 바꾼다는 건 용납의 대상이 아닌데. 어쩌다가? 잘 좀하지. 정정하고 사과할 일로 끝나지 않을 텐데…….'라고 남편보다 더 걱정스런 목소리로 직설하고 싶었다. 그러나 꾹 참았다. 말 한마디 잘못하면 완전히 남편은 멘탈이 붕괴될 것만 같았다.

"아휴, 속상했겠다. 혼자서 고객 유치하랴 혼자서 서류 작성하랴 바빠서 그랬구나."

"잘못했다고 백배사죄했어. 그래도 아쉽네. P손님은 처음에 내게 호감이 많았고 법률적인 일감이 많다고 했는데. 첫 거래에 큰 실수를 했으니."

"이걸 거울삼아 다음부터는 서류 한 번씩 더 꼼꼼하게 챙기면 어떨까?"

"응, 그래야지."

"당신의 진심 어린 사과가 잘 전달되었을 거야."

남편은 바로 성함을 정정해 드렸고 고객의 노여움은 풀렸다고 소식을 듣게 됐다. 처음 한 달 동안은 나도 마음이 놓이질 않아 수시로 남편 사무실을 들랑거렸다. 두 달째 들어서서 법무사사무실 경력 20년이 넘은 베테랑 여사무장님이 출근하셨다. 모든 게 자리를 잡아가기 시작했다. 나도 마음이 놓였다. 남편은 이후 고객 유치와 SNS 홍보에 집중했고 사무장님은 서류 작성에 집중했다. 환상적인 콤비가 되었다.

2020년 2월 16일 일요일 오후 남편 사무실에서 구역예배를 가졌다. 개업식 때 부목사님이 다녀가셨지만 따로 기도시간을 갖지 못해서 나는 아쉬움이 있었다. 그날 다섯 가정이 참석하였다. 담임목사님은 가정의 신앙성장과 각 가정의 영적인 안위를 도모하는 기도를 해주셨다. 또 집집마다 자녀들의 근황과 진로를 물으시고 축복해주셨다. 특별히 목사님은 남편의 사업과 예체능 하는 우리 자녀에 대해서는 많은 관심을 가져주셨다. 남편의 개업이 자녀뒷바라지와 밀접했기 때문이다. 예배를 마치고 찬송가 382장 〈너 근심 걱정 말아라〉를 함께 불렀다.

'너 근심 걱정 말아라 주 너를 지키리

주 날개 밑에 거하라 주 너를 지키리

주 너를 지키리 아무 때나 어디서나

주 너를 지키리 늘 지켜주시리'

이 찬송을 부르자 마음이 평화로워졌다. 후렴을 부를 때 나는 정성을 다해 소리 높여 아름답게 간절하게 불렀다. 찬송은 곡조가 붙은 기도다. 찬송가를 부르며 많은 사람들이 위안과 새 힘을 얻는다고 했다. 개업하기까지 일련의 일들이 주마등처럼 떠올랐다. 모든 게 감사하고 감사할 일이었다. 개업에 대한 근심을 하나님이 모두 가져가 주셨다. 성경에는 '우리 믿는 자들이 두려워하지 말 것을 명령하는 것 못지않게 주께서 지키신다.'는 말씀이 거듭되고 있었다. 담임목사님은 새로운 사업을 시작하는 우리 가정에 최고의 기도와 찬송가 선물을 주시고 가셨다.

* 당신 멋있게 잘 살아왔어. 최고야!

그날 저녁 하얀 눈이 소담스럽게 내렸다. 하늘에서 우리 가정과 남편 사업장을 축복해 주는 것만 같았다. 남편과 나는 두문불출하고 많은 이야기를 나눴다. 남편은 간식과 석식을 제공한 나에게 수고했다고 말했다. 나도 긴 말을 시작했다.

"당신 멋있게 잘 살아왔어. 나도 당신처럼 멋지게 열정적으로 살고 싶다. 그동안 당신 꿈을 적극지지 못해서 미안했어. 당신 최고야!"

지금 우리 집엔 예체능인의 길을 걷고 있는 두 아들과 혁신적인 법무사 창업을 한 남편이 있다. 나는 두 아들이 상위 0.1%에 들기를 원하지 않는다. 즐거운 재미와 돈이 따르기를 바란다. 남편도 이미 포화 상태인 법조계라지만 창업 코칭을 겸한 즐거운 일터 주인공으로 날마다 신바람 났으면 좋겠다. 아무쪼록 우리 집 세 남자들이 가는 길이 당사자도 좋아하고 사회적으로도 가치 있는 길이길 바란다.

물론 유사시에는 내가 부양해야 하는 내 짐이기도 하다. 그런데 이 두려움을 말할 순 없다. 남편은 말이 씨가 된다고 부정적인 말을 일체 못하게 한다. 내가 이 세 남자의 진로 선택에 직간접으로 기여한 만큼 나는 그들이 좌절하지 않도록 계속해서 기도하고 격려해주기로 했다. 성공한 사람들은 처음부터 부유하지 않았다. 자기가 좋아하고 잘할 수 있는 분야에 집중하고 노력해서 전문가가 되었고 부가 따라왔다.

남편과 나는 모두 인문대학을 나왔다. 인문학은 젊은 날 우리에게 아름다운 심성과 교양을 갖게 하는 것으로 충분한 의미가 있었다. 20년 넘게 맞벌이 공직자 부부로 살아왔다. 공직자의 삶은 빵도 먹고 장미꽃 향기도 어느 정도 감상할 수 있었다. 나는 여성 지방행정공직자로서 365일 바빴지만 남편은 남성 법원직공무원으로 여유가 있었다. 다방면에 관심을 보였고 운동이든, 독서든, 사교활동이든 하는 일마다 재미와 두각을 나타내기 시작했다. 무얼 하든 손에 놓지 않는 것은 책이었다. 그가 좋아하는 책은 재테크, 경제경영, 성공학, 의식확장 도서였다. 그는 책을 읽는 데 만족하지 않고 책 속의 주인공들처럼 행동하고 실천했다. 나는 소설과 수필을 좋아한다. 내 책들은 감동과 마음에 위안을 준다. 가끔씩 나도 남편이 즐겨보는 책을 읽어본다. 위대한 기업을 일궈낸 성공 스토리가 재미있었다. 그리고 그 주인공들을 만나고 싶었다. 그러고 보면 내안의 유전자도 남편과 어느 정도 일치한 셈이다. 나도 은근히 석세스 라이프를 원하는 것이다.

남편은 자신이 존경하는 사람은 지위고하 남녀노소를 불문하고 다 찾아다니며 스승 삼고 친구 삼는 장점이 있다. 꼭 그 길에는 나를 동행시킨다. 그의 꿈을 지지해주라는 의도적인 전략을 알면서도 나는 즐겁게 따라 나섰다. 나도 이제 사고체계가 점점 남편과 비슷해져 버렸다. 한편 나는 창업지원기관에서 근무하면서 꿈이 있는 사람들을 보다 가까이 볼 수 있었다. 몇 개월 후면 다시 공직사회로 돌아간다. 꿈이 있는 사람들을 돕기 위한 좋은 시책들을 만들거나 예산을 확보하는 데 기여하고 싶다.

명작 속의 완벽한 연인들

리차드 커티스 감독 영화, 〈어바웃타임〉

결혼하는 사람에게 전 항상 한 가지만 충고해 줍니다. 끝엔 우리 모두 다 비슷하다는 거 모두 늙고 같은 얘기를 수십번씩 반복하니까요. 하지만 상냥한 사람과 결혼하라는 것 그리고 팀은 따뜻한 마음을 가진, 상냥한 남자랍니다.

— 주인공 팀의 아버지

남편의 대화에 집중하면 마음이 보인다

* 즐겁게 사는 길은 여러 가지가 있다

"네 남편도 참 대단하지만, 너도 공무원답지 않은 면이 있어."

남편 개업을 전후로 내 오래된 친구와 좋아하는 직장 언니로부터 들은 말이다. 남편과 내가 현실 안주보다는 미래지향적인 공직자라는 측면을 일부 인정받은 고마운 말이다. 시댁에서는 세상물정 모른다고 혼났지만.

어느 공공기관에서 조사한 결과, 공무원 스스로도 '공무원답다'라는 말을 칭찬보다는 비아냥거림으로 받아들인다고 한다. 공직자가 공직 가치인 '공정, 청렴, 공심, 정의'를 추구하기보다는 융통성도 없고, 법규에 얽매여 국민도 인정 안 하는 일을 답답하게 하는 걸 꼬집는 소리다. 남편이 보기에 나도 인정받지도 못하는 수많은 잡무에 파묻혀 사는 안쓰러운 후자에 속한다.

주말에도 가끔씩 출근하는 나를 남편은 붙잡고 말한다.

"인생을 즐겁게 사는 길은 여러 가지가 있다. 제발 다른 측면도 보자. 직장에서 승진이 다가 아니다. 몸 축난다."

나를 염려하는 듯 비난한 듯했다. 다 맞는 말이다. 나도 한 번씩 바람을 쐬고 싶었다.

남편이 투자한 주얼리 회사 판매 동향을 보기 위해 전국 주요 백화점을 같이 구경 다녔다. 또 큰아이 골프 훈련 뒷바라지 때는 전주와 대전을 오가는 차 안에서 성공 관련 유튜브 방송을 많이 들었다. 주중에는 틈틈 지역 사회에서 존경과 성공의 영예를 한꺼번에 갖고 계시는 분들과 교류할 시간을 가졌다. 남편은 나와 함께 자녀를 잘 키우고 싶어했다. 인생도 즐기고 싶어 했다. 그런데 한때 내가 남편을 오해했다. 남편이 가정과 공직보다는 바깥세상에서 친구들과 더 놀기를 좋아하고 물질적 풍요를 너무 추구한다고. 내 직장 사람들은 대부분 가정 중심이거나 직장 중심인데. 늘 내가 바라보던 사람과 달라서 나는 남편을 좀 속되다고 평가절하한 경향이 있었다. 그런데 남편은 내가 자신을 지지할 때까지 끝까지 나에게 공을 들였다. 그리고 자기 편으로 만들었다.

남편은 학교 다닐 적에 시험공부를 싫어했다. 그 어려운 법원직 공무원 시험을 두 번 낙방한 후 최종합격했다. 그러니 얼마나 신났을까? 입사 초기에 날마다 음주가무를 즐겼다. 주식 투자도 즐겼다. 어느 날은 나를 달달 볶아서 내가 저축한 돈 300만 원을 기어코 가져갔다. 하루에 10만 원도 더 벌었다. 그러다가 이채원의 『가치투자』란 책을 접하게 되었다. 읽고 또 읽더니 전문가가 되어버렸다. 투자한 회사의 가치를 알려고 회사의 재무 상태, 주력사업 분야의 미래 전망, CEO의 신뢰성과 비전까지도 공부하게 됐다.

이후 투자로 많은 돈을 벌었다. 해외여행은 물론 두 아들을 예체능으로 진로를 잡았다. 10년 넘게 투자한 주식이 마냥 좋을 수는 없었다. 투자한 회사가 중국 관련주로 유망했으나 사드 배치나 전염병 등으로 대중국관계가 악화되면서 회사는 사양길을 걷게 됐다. 경제적으로 어려웠지만 아들은 더 노력했고 좋은 프로님을 만나 4년 반 만에 KPGA 프로가 되었다. 성적이 좋아지는 타이밍이었지만 아들은 가정형편상 군 입대를 지원했다. 아들들을 끝까지 지원해주지 못하고 군대 보낸 것에 우리 부부는 오래도록 상심했다. 남편이 어느 날 입을 열었다. 시댁과 처가에서 정년 전에는 말도 못 꺼내게 하는 법무사 개업을 앞당기겠다는 것이다. 오랫동안 심사숙고한 것이 분명했다. 마스터플랜이 확실했다.

"명함 대신 내 이름으로 된 책을 건네야겠어. 명함은 버리지만 책은 버리지 않아. 사업에 대한 노하우를 써서 나를 찾아오게 할 거야."

일명 퍼스널 브랜드를 키워야겠다고 생각한 것이다. 그는 그가 탐독했던 책을 책장에서 꺼내 거실에 펼쳐놓기 시작했다. 사업계획서를 작성하는 심정으로 첫 번째 원고를 써나갔다. 옆에서 1년 넘게 지켜보는 나는 한석봉 어머니가 된 느낌이었다. 큰아들을 군대 보내고 이제 좀 숨 좀 쉬려나 했는데 남편이 계속해서 원고를 봐달라고 했다. 나는 지지를 하다가도 한 번씩 개업을 말리며 불퉁거렸다.

✳ 하고자 하는 사람은 방법을 찾는다

책 속에 자주 등장하는 4,500송이 포도나무 이야기가 있다. 그걸 보러 가자고 했다. 2018년 11월 포도가 수확되고 앙상한 나뭇가지만 있는 비닐하우스를 보고 온 적도 있었다. 그 다음해 2019년 8월에 다시 방문했다. 나는 그곳에서 포도나무 기적의 주인공을 만나게 됐다. 나는 남편 원고 속에서 도덕현 농부에 대해 많이 읽었기에 내가 더 설레었다.

한 그루에 4,500송이가 열리는 포도나무가 정말 내 눈앞에 보였다. 한 나무가 차지한 면적이 무려 300평이 넘었다. 도덕현 농부는 포도가 가진 유전적 능력을 극대화하기 위해 토양관리에 주력했다고 한다. 비료와 축분, 농약을 전혀 사용하지 않고 직접 만든 식물성 발효 유기물 퇴비만을 사용하여 토양을 관리했다. 포도원 한쪽에는 대나무, 톱밥, 콩깻묵, 두부비지, 현미쌀겨, 옥수수, 밀기울, 버섯배지가 발효되고 있었다.

도덕현 농부는 힘이 되는 유명한 격언들을 울타리마다 현수막으로 적어놓고 있었다. 그중에 오래도록 마음에 가슴에 새겨둘 3가지 명언이 있었다. 사진을 찍었다.

"하고자 하는 사람은 방법을 찾고, 하기 싫은 사람은 구실을 찾는다."
"하(下)농은 열매만 가꾸고, 상(上)농은 토양을 가꾼다."
"못할 일도 안 될 일도 없다. 지금 시작하라."

첫 번째에 쓰인 말은 남편이 평소 나에게 강조하는 말이었다. 남편은 어떻게든 우리 집안 경제를 풍요롭게 하면서 자녀들의 큰 꿈을 키워주고 북돋아주고 싶어 했다. '나는 적게 먹고 적게 싸자.', '가늘고 길게 가자.'

는 식으로 남편의 저돌적인 선택을 지지하지 않았다. 누가 옳다 그르다고는 판단할 수 없다. 인생 가치관에 따라 선택한 길에 흔들리지 않고 사는 것에 나는 박수치는 사람이다. 다만 우리는 부부였다. 부부 가치관이 다르면 자녀 교육이 흔들린다. 자녀들이 가고 싶어해도 부모 눈치 때문에 갈팡질팡 우물쭈물할 수도 있다. 전형적으로 난 안전 지향적으로 자라왔다. 친정아버지가 할아버지의 빚보증으로 가세가 기울자 어렵게 오남매를 가르친 것을 봐왔다. 내 주변 여직원들도 친정아버지가 사업에 자주 실패하여 친정엄마가 대학교 1학년 때부터 "너는 공무원이 돼야 한다." 해서 공직에 들어 온 경우가 있다.

나는 결국 남편의 개업이나 그의 꿈을 지지하게 됐다. 그런데 한편으로는 남편의 진심을 알다가도 모를 때가 있다. 나랑 같이 공직을 그만 두고 법무사와 행정사 영업을 같이 할 수도 있었다. 나도 친정이 구멍가게 집으로 어려서부터 장사를 조금 거들어 남편보다 영업 능력이 더 있다. 그럼에도 불구하고 나를 공직에 앉혀놓으려는 것은 그의 사업 리스크를 대비한 최소한의 보험으로 나를 여기는 것은 아닐까 하고 내심 서운하고 화도 난다. 물론 두 아들을 생각하면 나도 쉽게 공직을 퇴직할 수는 없다.

이왕지사 이렇게 된 것. 내가 그에게 뒷심이 되어야 한다고 다시 마음을 굳게 먹는다. 그는 개업 여부를 나와 1년 이상 상의했다. 사무실 입지나 직원 구성까지 모든 걸 나와 상의해왔다. 결국은 나의 일터나 다름없다. 그런데 내가 이제 와서 조금이라도 흔들린다면 내가 신의와 성실을 지키지 않는 거다. 한마디로 줏대 없는 아내가 되는 거다. 정신 차리자.

남편은 주말에도 출근하여 홈페이지, 카페운영, 유튜브, 블로그 제작 등 SNS 홍보에 주력하고 있다. 전주라는 지역 한계를 넘어 법무사 영업과 법무사 창업 코칭 모객에 도움이 될 것이다. 그는 근본적으로 자신이 아는 것을 누군가에게 즐겁게 알리고 도우려는 선한 마음이 있다. 결코 돈을 먼저 앞세우는 사람은 아니다.

법무 서비스와 창업과 기업경영에 관한 경험, 지식, 노하우 등을 필요로 하는 사람들이 줄을 설 날을 기다린다. 온·오프라인상에서 '포도나무 법무사' 이름만 대면 모두가 아는 날이 하루빨리 오길 바란다. 그의 일과 그가 하는 말에 관심을 갖다 보니 이제 그의 소원이 내 소원이 되었다.

배우자의 단점보다는 장점을 더 크게 보라

* 고객에게는 철저한 사람

은혜는 바위에 새기고 원한은 냇물에 새기라는 옛말이 있다. 또 배우자의 장점은 나팔로 불고 단점은 가슴에 소리 없이 묻으라는 말도 있다. 나는 과연 그렇게 살고 있는가? 사실 남편에겐 많은 장점이 있다. 그런데 나는 남편의 장점을 칭찬하기보다는 고쳐야 할 부분이나 보기 싫은 부분만 되풀이하며 지적해왔다.

내가 남편에게 늘 아쉬워하는 부분은 이웃사람들을 빨리 외우지 않는다는 점과 숫자, 날짜 감각이 없다는 점이다. 남편이 눈에 보이는 사람

얼굴과 눈에 보이는 숫자를 놓친다는 것은 정말 단점이긴 하다. 나는 오래도록 그것이 단점으로만 보였었다.

우리 부부는 현재 같은 아파트에서 15년째 살고 있다. 출·퇴근 시에 엘리베이터를 타면 늘 이웃을 만난다. 아는 이웃을 만나면 말을 건네며 인사를 나눈다. 새로 이사 온 분 같거나 모르면 목례를 한다. 그런데 남편은 거의 하질 않았다. 처음에는 당황했다. 예의 없는 사람인 줄 알았다. 그런데 알고 보니 남편은 뭔가를 골똘히 생각에 잠겨 있는 사람이었다. 즉 주변 사람보다는 자기에게 더 집중하다 보니 옆에 있는 사람에게 관심이 덜했다. 반면에 나는 친정집이 구멍가게였기에 늘 먼저 상냥하게 인사해야 한다고 배워왔다. 습관이 되어 아파트에 주민을 보면 내가 먼저 인사를 드린다. 물론 남편도 같은 아파트에서 오래 살다 보니 초기 입주 세대에 대해서는 두루두루 알고 인사를 잘 하고 있다. 나는 남편에게 아파트 주민이나 동네 상가 주인들에게 늘 인사를 잘 해야 한다고 수시로 강조하고 있다. 더구나 이제는 법무 서비스업을 하는 사람으로서 기본적으로 갖춰야 할 소양이다. 하루는 내가 말했다.

"한번 찾아온 손님이 당신 법률 서비스에 만족하면 또 다른 사건도 의뢰할 텐데, 당신은 전에 오신 손님을 어떻게 기억할 거야? 더구나 손님은 첫 사건 때 상담한 내용을 당신이 다 알고 있으리라는 전제하에 새로운 이야기를 풀어나갈 텐데."

"파일로 기록관리 하고 있어."

"아, 그래도 상담일지를 꼭 써서 고객이 같은 이야기를 반복적으로 또 다시 이야기하는 수고를 끼치지 마요."라고 당부했다.

파일로 기록관리 한다는 뜻은 잘 모르지만 '병원 진료 상담 일지처럼 기록 관리하나 보다.' 하며 어느 정도 안심이 되었다. 역시 자기 일과 자기 고객에게는 철저한 사람이었다.

남편은 개업을 앞두고 바로 사무장님을 구하질 못했다. 한 달간 공백이 있었다. 사실 많은 분을 소개받았지만 적임자가 없었다. 원 소속에서 놓아주질 않거나 보수를 많이 지급해야 했다. 내 직원이 아니기에 내가 면담 현장에 있는 것은 아니었지만 속으로 많이 애가 탔다. 최종적으로 두 분의 여성을 직원으로 모시게 됐다. 한 분은 전직 공직자였는데 육아를 위해 오랫동안 일을 놓고 집안 살림을 아주 잘하신 분이었다. 자녀들이 다 성장하자 제2의 인생을 준비하기 위해 남편 사무실에 출근하게 됐다. 그녀의 능력은 사무실 운영과 홍보에 재능이 있었다.

다른 한 분은 사무장 실무경력 22년차로 남편의 책을 읽고 사무실을 옮기신 분이다. 난 이 두 분이라면 충분히 남편의 단점이 커버되고 그의 장점이 더 부각되는 사무실로 발전할 확신이 들었다. 남편도 그렇게 생각하고 있어서 얼마나 다행인지 모른다. 나도 여자라 처음엔 여성 사무장님이 오시는 것을 내심 경계했었다. 그러나 집안에서 내가 필요했다면 남편 사무실에서는 그 두 분들이 절실하게 필요한 사람이라고 마음을 먹자 모든 게 만사형통이 되었다. 오히려 내가 남편 사무실을 잊고 내 일에 전념할 수 있어서 기쁘다.

남편이 숫자와 날짜 감각이 없다는 건 살면서 그간 여러 차례 목격해 왔다. 과거 작은아들이 일산에서 레슨 받을 적에 고속버스표에 적힌 출발시간을 보지 않고 소요시간인 3시간 05분을 보고 아들을 그 3시 05분에 맞춰서 태워다 줘서 차를 못 탄 일. 그리고 명예퇴직 하던 지난 해 연말에 선택적 복지자금을 제 날짜에 청구하지 못해 그 금액을 고스란히 반납했다. 그래서 나는 내 생일이나 결혼기념일을 내가 전날 미리 인지를 시켜준다. 그래도 결혼기념일은 조금 기억하는 편이다. 그것도 하루 늦게 기억한다. 3월 13일인데, 3월 14일이 화이트데이라서 여기저기 여성들에게 꽃을 선물하기 때문이다. 예를 들어 남편이 법무사사무실에서 고객들의 취득세나 등록세를 제 날짜에 납부하지 않는다면 어떻게 될까? 정말 아찔하다. 그런데 이를 해결해주실 사무실 운영실장이 계시니 얼마나 다행스런 일인가? 생각할수록 남편 사무실 인적 구성 요소가 환상의 조합이다.

* 현재보다 미래를 보는 큰 눈

다행히도 사무실에 계시는 분들도 나만큼 남편의 열정과 인터넷 영업 능력에 호감을 갖고 있다. 남편은 뭔가에 꽂히면 독파하는 능력이 있다. 대표적으로 유튜브나 블로그, 카페제작, PPT를 어려워하지 않고 잘 만든다. 세련된 수준은 아니나 자신이 홍보할 내용을 어떻게든 배워서 SNS 상에 올린다. 배우기 위해서라면 서울을 한 달에 몇 차례씩이라도 대한민국 최고라는 곳을 찾아가서 배운다. 그래도 부족한 것이 있으면 수업료를 더 내서라도 배운다. 그가 나에게 항상 하는 말이 있다. '싼 게 비지떡이다.', '배우려면 최고에게 배우라.', '최고에게서 배우는 게 좋다.'는 그의 철학은 자녀 교육에도 고스란히 녹아 있다. 남편과 나의 공통점은 두 아들을 키우면서 우리 형편보다 과하게 사교육을 시켰다. 국 · 영 · 수는 여러 차례 시행착오를 거쳤지만 큰 효과가 없었다. 그런데 예체능 사교육은 빛을 보게 되었다.

큰아들은 집 근처에서 1년간 골프선수로서 기본기를 다졌다. 첫 번째 선생님과 동기들에게 정이 듬뿍 들었었다. 그런데 남편이 갑자기 훈련지를 대전 골프존 조이마루 아카데미로 변경시켰다. 그 과정에서 나와 아들은 엄청 힘들었다. 정든 사람과 이별을 나와 큰애는 제일 고통스러워했다. 그런데 정보채널을 가동하더니 남편은 골프존의 최첨단 IT기술이 아들의 골프 능력을 빠르게 향상시킬 것을 확신했다. 대신 그곳은 연회비와 개인 레슨비가 고가였다. GDR레슨과 멘탈 강화 훈련 덕분에 4년 3개월 만에 프로가 된 성과를 봤다.

확실히 그는 당장에 크게 지출되는 돈을 아까워하지 않았다. 큰돈으로 전문가로부터 제대로 된 수업과 귀하고 빠른 시간을 샀다. 자신과 아이의 큰 꿈을 키우고 싶어했다. 자신만의 사업 전략과 자녀 교육철학이 대박을 맺길 바랄 뿐이다. 나도 눈에 보이는 그의 단점은 그만 지적하련다. 생각해보니 나는 과거에 "당신은 왜 이렇게 사람을 몰라봐.", "당신은 정말 날짜 숫자 감각 없어." 이런 투의 비난하는 말을 너무 많이 했다. 나도 남편으로부터 머리 감고 난 뒤에 욕실이나 안방화장대 정리를 안 한다고 처음에 많이 혼났었다. 머리카락이 빠져서 뭉쳐 있거나 여기저기 산발적으로 있으면 내 머리카락이라도 흉물이다. 남편이 신혼 초에 여러 차례 나에게 깨끗이 해줄 것을 요구했다. 지금도 나는 잘 못하고 있다. 그런데 지금은 나에게 거의 잔소리를 하지 않는다. 로봇 청소기를 사서 1년째 남편이 싹쓸이를 해주고 있다. 나에게 생색도 내지 않는다. 남편은 내가 분리수거와 세탁이라도 잘해주는 것에 만족하는 것 같았다. 남편의 최대 장점은 바로 내가 살림에 소질이 없다는 것에 관대하다는 것이다.

나는 그의 장점을 최근에서야 알았다. 바로 단점을 바라보는 내 시각을 바꾸니까 바로 그의 단점이 어마어마하게 큰 그의 장점이었던 것이다. 바로 선택과 집중이다. 확실히 그는 중요하지 않은 것에는 무디었다. 대신 중요하고 가치 있는 일에는 마음과 정성을 다하여 집중해서 뭔가를 꼭 해낸다는 큰 장점이 있다. 또 현재보다 미래를 보는 큰 눈이 가장 큰 장점이다. 계속해서 그의 시력이 좋아지게 칭찬이라는 보약을 먹어야겠다. 대신 그의 사소한 단점에는 내가 눈을 질끈 감아야겠다. 그래서 철학자 몽테뉴는 좋은 남편은 귀머거리가 되고 좋은 아내는 장님이 되어야한다고 말했나 보다. 아내의 잔소리는 참고, 남편의 단점은 보지 말라는 뜻인 것 같다.

명작 속의 완벽한 연인들

에이슬링 월시 감독 영화, 〈내 사랑〉

모드 (아내) : 나한테 뭐가 보이는데?

에버렛 (남편) : 내 아내가 보여. 처음부터 그랬어. 그러니까 날 떠나지 말아줘.

모드 (아내) : 내가 왜 떠나?

에버렛 (남편) : 나보다 훨씬 나은 사람이니까.

모드 (아내) : 아니야 못 떠나. 당신과 있으면 바랄게 없어. 아무것도.

4 장

나이가 들수록
배우자와 잘 지내는 법

행복한 결혼생활을 하는 아내들의 공통점

* 신사임당과 전혜성 박사 닮고 싶다

얼마 전 직장 상사는 내가 고3 아들과 개업한 남편을 돌보는 모습을 흐뭇하게 바라보시며 '이사임당'이라고 칭찬한 적이 있었다. 쑥스러웠으나 듣기에 좋았다. 나는 어려서부터 신사임당을 존경했다. 그녀가 5만 원권 지폐의 주인공이 되자 누구보다도 환영했다. 2017년 2월에 업무 차 한국은행 화폐박물관을 견학했다. 방문 기념으로 5만 원권 지폐에 내 얼굴을 찍었는데 지금도 내 업무노트 속에 지니고 있다.

마침 그해 상반기 동안 이영애가 열연한 〈사임당 빛의 일기〉 SBS 드라마를 한 편도 빠지지 않고 다 봤다. 전생의 조선시대 사임당과 현생의 한국미술사를 전공한 시간강사 슈퍼맘 서지윤이 파란만장하게 겪는 예술혼과 사랑 이야기다. 현모양처로서의 훌륭한 삶과 여류작가(여교수)로서의 행복한 삶이 공존가능하길 바라는 마음을 가지고 시청했던 기억이 난다.

대부분의 한국 여성은 지금도 결혼을 하면 '자아'를 포기하다시피 하고 숙명처럼 '아내, 며느리, 어머니'의 역할을 잘 해내고 있다. 이것이 어려서 보고 자라온 학습이 효과인가 아니면 모성이 주는 신성함 때문인지 정말 연구할 만한 가치는 있는 것 같다.

신사임당과 같은 분이 실제로 이 시대에도 생존해 계신다. 바로 올해 92세인 전혜성 박사이다. 전 박사님의 책을 오래전에 감명 깊게 읽었던 적이 있다. 1996년도에 출간된 전혜성 박사의 저서 『엘리트보다는 사람이 되어라』다. 그녀의 자녀 6남매 모두는 미국 유수 대학의 교수이자 외교관, 예술가다. 고인이 된 남편 고광림 박사를 훌륭하게 내조한 아내이기도 하다. 그녀 개인적으로는 인류학 박사이자 교육자로서 한국문화를 널리 알렸다. 처음에는 고광림 박사가 사별한 아내와 딸을 둔 사실에 망설였지만, 열렬한 편지와 애정공세로 결혼했다고 한다. 그 책을 읽을 당시 미혼인 나는 그분들이 주고받은 편지나 러브 스토리에 완전히 매료되었다. 전 박사는 남편과의 만남을 '사랑과 영혼의 만남'이라고 회고했다. 그리고 남편을 '축복받은 천생 배필', '하늘이 정해준 반려자'라고 서술했다. 나도 이 책을 읽으며 막연하게나마 훌륭한 짝을 만나 행복한 가정을 꾸리면서 자녀를 잘 키우고 싶은 욕심이 생겼던 것 같았다.

내 가까이에 두 분의 중년 여성이 계신다. 교회 담임목사님의 사모님과 장로님의 사모님이시다. 10년을 넘게 바라본 두 사모님들의 모습은 정말 닮았다. 최근에 그 두 쌍의 내외분이 남편의 개업사무실에 구역 예배차 왕림하셨다. 예배 후 열한 분의 식사를 내가 주문 받았다. 식당에서는 세 개의 테이블을 준비했다. 첫 번째 테이블엔 가지덮밥과 볶음밥, 짬뽕밥이 차려졌다. 가운데 상에는 간짜장을, 마직막 상에는 짬뽕이 차려졌다. 그런데 놀라운 일이 생겼다. 밥 종류인 첫 테이블에는 목사님과 장로님 그리고 한 남자분이 앉으셨다. 나머지 면 종류가 차려진 곳에는 사모님 없이 홀로 오신 부목사님과 내가 존경하는 사모님들이 주문한 메뉴에 따라 앉게 되었다.

동부인한 남편들은 평소 부인들께서 어찌나 건강을 챙기셨던지 자연스럽게 소화 잘되는 밥 종류를 주문했던 것이다. 반면에 혼자 오신 부목사님이나 부인들은 매콤하면서도 달달한 짬뽕과 짜장면을 드셨다. 한마디로 내가 내린 결론은 아내들이 평소에 남편 건강을 엄청나게 챙긴다는 것이다. 또 남편들은 나이 들수록 아내 말을 잘 들어야 건강하게 행복하게 살 수 있다는 것을 알고 계셨다.

어찌 보면 앞서 내가 소개한 여성들은 훌륭하게 남편 내조를 잘했거나 자녀 교육을 잘하신 분들이다. 그리고 사회 구성원으로서 재능을 살려 교육·문화·복지에도 기여하셨다. 나의 결혼생활은 아직 현재 진행형이다. 감히 나를 내가 현모양처라고 말할 수는 없다. 다만 나 스스로를 평한다면 행복한 결혼생활을 하고 있다고 말하고 싶다. 무엇이 나에게 행복감과 만족감을 주었을까?

* 행복한 결혼생활 노하우 네 가지

첫째, 우리 부부는 상대의 취미와 꿈을 존중한다. 처음엔 상대가 가진 취미와 꿈을 호기심과 매력으로 바라보았다. 그러나 부부로 살다 보니 시간과 비용 측면에서 힘든 부분이 많이 발생했다. 다행히 우리 부부는 상대의 개인적인 취미나 습관을 존중하려고 노력하기 시작했다. 나의 경우는 남편의 취미인 테니스를 배웠다. 지금은 운동을 통해 스트레스를 풀고 건강까지 챙기게 되었다. 남편도 점차 나와 산책하는 시간과 공연보는 시간을 많이 가져줬다. 서로가 좋아하는 일을 같이 하다 보니 취미가 두 배로 늘었고 파트너로서 우정이 쌓이게 되었다.

남편의 꿈은 처음엔 있는지조차 모를 정도로 수면에 드러나지 않았었다. 독서를 통해 점차 그의 꿈이 나타나기 시작했다. 공직생활이 아닌 투자나 사업하는 데 있음을 알고 나는 많이 당황했었다. 그러나 막으면 막을수록 지옥이었다. 응원해주면 응원해줄수록 남편은 신나게 일을 벌이곤 했다. 그러던 그도 이제는 나의 공직생활과 작가의 꿈을 적극 응원하기 시작했다. 고맙게도 이제는 부탁하지 않아도 가사를 주도적으로 하고 있다. 내가 따라주고 존중해주니 행복이 두 배로 돌아온 느낌이다.

둘째, 어려울 때일수록 남편과 함께 기도한다. 부부 사이에 서로 의지하고 힘이 되어준다 해도 종교가 같지 않다면 행복한 결혼생활 하기가 어렵다. 제사나 음식, 자녀 교육, 주말을 보내는 방법 등 많은 부분에 마찰이 생길 수밖에 없다. 나와 남편은 결혼 초기엔 각자 무교였다. 남편은 원불교와 천주교가 우세한 집안이었다. 나는 원불교와 불교가 우세한 집안이었다. 물론 둘 다 학창시절엔 조금씩 교회생활을 한 적이 있었다. 결혼 후에는 큰아들 친구 부모님인 장로님 부부가 계기가 되어 기독신앙을 갖게 되었다. 남편과 함께한 평생 잊을 수 없는 기도가 있다. 2018년 8일 1일 남편과 나는 새벽기도를 나갔다. 간절히 기도했다. 그날 큰아들은 프로골퍼가 되었다. 또 두 아들이 연거푸 전주예수병원에서 맹장수술을 하게 되었을 때 수술이 끝날 때까지 그 긴 시간을 남편과 나는 간절한 기도로 견딜 수 있었다.

셋째, 남편과 사소한 문제라도 상의한다. 나와 남편은 하루 12시간 이상을 떨어져 있다. 그 시간 동안 각자 만나는 동료와 고객이 다르다. 그러나 짤막하게라도 대화와 카톡 대화를 수시로 한다. 때문에 서로 어떤 좋은 일이 있었는지 무슨 일로 속상했는지를 거의 다 안다. 기쁜 일은 나누니 두 배가 되고 상처받은 마음엔 서로에게 따뜻한 위로를 주니 슬럼프 회복이 빠르다. 양가 대소사라든지 직장 자리 부서 이동에도 수시로 의견을 주고받는다. 우리가 선택할 상황은 아니지만 선택지가 주어졌을 땐 서로의 입장을 존중하면서도 건강이나 가정의 평화를 희생하지 않도록 상의했다.

넷째, 남편의 심신 건강을 챙긴다. 내가 안심이 되는 것은 남편이 매일 일찍 자고 일찍 일어나는 좋은 습관을 가진 점이다. 늦은 시간까지 잠을 자지 않는 나는 그의 자는 모습을 평균 3시간 이상을 지켜본다. 한 번씩 코를 크게 골다가도 순한 양처럼 한 번씩 뒤척이며 예쁘게 잠을 잘 잔다. 피곤해보이면 깨워서 홍삼을 마시게 한다. 각방을 쓰지 않는 것이 나의 가장 큰 배려다. 우스갯소리가 있다. 60대는 살갗만 닿아도, 70대는 존재 그 자체가 이혼감이란다. 내 상식으로는 용납이 안 된다. 왜냐하면 나는 남편의 심신 건강을 제일 중요하게 생각하는 사람이니까. 남편이 살아 있는 그 자체가 내게는 선물이다.

앞서 소개한 신사임당이나 전혜성 박사 그리고 지역 사회와 교회에서 존경받고 있는 사모님들의 미덕과 업적에는 내가 미치지 못한다. 남편과 아들에게 현모양처는 아니더라도 계속해서 친구 같은 아내, 가족의 꿈을 키워주는 엄마가 되고 싶다. 그리고 국가적으로는 지혜로운 공직자, 개인적으로는 베스트셀러 작가가 되고 싶다.

남편은 신사임당을 연기한 이영애 배우를 좋아한다. 아마도 신사임당을 바람직한 여인상으로 이영애를 좋아하는 여인상으로 여기는 것 같다. 나도 될 수만 있다면 신사임당과 이영애의 재능과 한국적 이미지를 둘 다 갖추고 싶다. '훌륭한'과 '행복한' 그리고 '사랑스런'과 '지혜로운'이란 뜻은 사전적으로 다르다. 그러나 나의 결혼생활에 있어서는 이 네 가지 형용사가 항상 따라 다녔으면 좋겠다.

02

사랑한다는 것은 후회할 일을 줄이는 것

* 장맛을 친구들에게 보일 수 없었다

얼마 전 락스로 욕실청소를 하다가 문득 욕실 문짝 하나를 두고 남편과 다퉜던 옛 기억이 떠올랐다. 남원에서 살았을 때의 일이다. 퇴근 후 두 아들을 유치원과 보모님 댁에서 데려오고 나는 그때부터 본격적으로 가사 일을 시작했다. 애들은 거실에서 장난감들을 풀어놓고 놀고 있었다. 갑자기 저녁 7시 30분경 남편에게 전화가 왔다.

"친구들하고 저녁식사 후 우리 집 가서 술 한잔 하려고 해. 준비 좀 해줘."

"아니 뭐라고? 지금 집이 난리인데. 거실도 그렇고 음식도 없고. 안 돼."

나는 정말 화가 났다. 저녁식사도 생략하고 애들 옷 세탁 중이었는데. 도저히 그 짧은 시간 안에 손님 접대 준비를 할 수 없었다. 15년 전만 해도 남자들은 자기 집 장맛을 친구들에게 보여주고 싶어 했다. 1차를 밖에서 하고 2차를 친구들 집에서 즐겨했던 것이다. 내가 평소 살림할 시간도 없었고 살림도 못하니까 당연히 친구들을 안 데려오겠지 했다. 욕실에서 빨래를 계속했다. 초인종이 울렸다. 나는 가슴이 철렁했다. 내 소리가 없자 남편이 문을 열고 친구들 몇 명이 들어온 것 같았다. 나는 정말 당황했다. 내 옷차림은 완전 일꾼 차림이었다. 아무것도 준비를 안 해서 나갈 수가 없었다. 화도 엄청났다. 욕실 문을 잠궈버렸다. 남편은 욕실 문을 두드리며 다급하게 나를 불러댔다. 나는 문고리만 꽉 잡고 아무 말도 안 했다. 남편이 화가 나서 욕실 문을 몇 번이고 두들겼다. 정말 부숴질 정도였다. 드디어 내가 익숙히 들은 바 있는 친구 K가 자신의 집으로 가자며 친구들을 데리고 나갔다. 한참 후 나는 거실로 나왔다. 영문도 모르는 두 아들이 불쌍했다. 엄마 아빠는 자신들과 놀아주지도 않고 밥도 주지도 않고 왜 그럴까 하고 눈만 동그랗게 뜨고 있었다.

어린 큰아들에게 "엄마는 이제 아빠에게 혼나겠다." 하며 내 신세 한탄을 했다. 전화벨이 몇 차례 울렸다. 화도 났고 무섭기도 해서 안 받았다. 나중에는 너무 시끄러워서 받았다.

"K원장 집으로 와, 당신 친구 M네 집 말이야. 꼭 와야 해."
"꼭 오라고?"

정말 여자 기분이라곤 조금도 모르는 남편이었다. K원장 부부는 남편의 고교 동창 커플이었고, 아내 M은 내 대학동창이었다. K원장은 지방 의료원 산부인과 원장으로 둘째 아들 출산을 도움 받았다. 나는 그날 저녁 살기 위해 택시를 타고 K원장 부부집에 갔다. M친구는 자녀가 셋인데도 집안이 잘 정리되어 있었고 손님 접대도 잘하고 있었다. 나는 죄인처럼 거실 구석에 앉았다가 늦은 밤에 남편과 우리 집에 돌아왔다. 남편과 나는 아무 말도 하지 않았다. 남편은 친구들 앞에서 자존심이 완전히 구겨졌을 텐데도 내게 화내지 않았다. 아이들이 있어서 싸울 수 없었을까? 남편이 뭔가 말을 시작하면 내가 더 억울하다고 밤새 울고불고 했을 것 같아서 단념했을까? 친구들이 남편에게 불시에 찾아간 남자들이 잘못한 거니까 집사람에게 화내지 말라고 당부했을까? 다음 날도 그 사건에 대해서 일절 언급을 하지 않았다. 그 후로 결혼생활 내내 남편은 친구들을 우리 집에 한 번도 데려오지 않았다.

요즘은 친구나 직장 손님을 가정에서 대접하는 문화는 사라졌다. 집들이를 하더라도 밖에서 식사를 하고 집에서는 다과를 하는 정도다. 게다가 다과도 예쁘게 잘 차려주는 동네 찻집이 많이 생겨서 남의 집 자체를 방문할 일이 거의 없어졌다. 돈으로 다 해결할 수 있는 편리한 시대이자 삭막한 시대가 됐다고 혹자는 쓸쓸해 할 수 있겠다. 그러나 나같이 살림에 소질이 없는 사람은 대환영이다.

남편이 친구들 앞에서 끝까지 자신의 자존심을 더 중요시했더라면 아마 크게 싸우고 지지고 볶았을 것이다. 있는 그대로의 아내를 참아준 남편이 너무 고맙게 느껴진다. 욕실을 청소하다가 옛일을 떠올리고 남편에게 다시 한 번 사과했다. 남편은 "별걸 다 기억한다."며 마저 하던 청소나 하라고 했다. 문제시 하지 않고 다 잊었다는 뜻이다.

＊ '두고 보자' 아닌 '고생했네'로 용서하다

한번은 시어머니와 관련된 나의 불손함이 컸는데도 용서를 받은 일이 있었다. 전주에 이사 온 지 얼마 안 되어 남편이 2주간 일산 법원공무원 교육원으로 교육을 갔었다. 나는 당시 과서무였기에 아침 7시 10분까지 출근하여 신문스크랩을 하곤 했었다. 남편 없이 두 아들을 유치원과 학교 보내기는 힘들었다. 남편은 어머니를 우리 집으로 모셔오고 안심을 하고 떠났다. 그런데 어머니와 나는 서로 기가 세서 닷새 이상을 사이좋게 지내질 못하고 부딪혀 버렸다. 어머니는 며느리의 직장을 항상 부업 정도로만 여겼다. 공무원이니 9시 출근 6시 퇴근을 당연시했다. 그래서 나는 어머니가 오셨어도 마음이 불편했다. 나도 모르게 얼굴색이 좋지 않았다. 어머니는 열심히 집안일을 돕는다고 생각하셨는데 며느리가 불만이 있어 보이니 드디어 한소리 하셨다.

"뭐가 불만이냐? 직장 다닌다고 위세냐?"

"……."

"나는 네가 남편이나 시어른들에게 잘한다고 항상 자랑하고 다녔다. 그런데 남편한테 애나 보게 하고……. 애비는 순해 터져서 네 말에 꼼짝도 못하고."

"제가 못됐다고 차라리 저를 흉보세요. 어머니 자존심 때문에 칭찬한 거잖아요."

"아이쿠, 아이쿠, 야 좀 봐라."

시어머니는 방바닥을 치며 통곡하셨다. 시댁식구들은 어머니 말씀에 아무도 토를 안 단다. 그런데 당돌한 며느리가 대든 것이었다. 어머니와 나는 서로 분해서 밤새 잠을 한숨도 안 잤다. 나는 남편에게 전화했다. "당장 내려와서 어머니 시골에 모셔다 드려."라고. 남편도 기가 막혔는지

"내려가서 두고 보자." 했다.

　다음 날 아침 어머니는 옷가방을 챙기시고 말없이 집을 나가셨다. 나는 붙잡지 않았다. 남편은 2주 동안 주말이 있었어도 내려오지 않았다. 나는 혼자서 완전히 파김치가 되었다. 도저히 신문스크랩을 할 수 없어서 동료에게 도와달라고 부탁했다. 목이 엄청 부어서 말을 못할 정도가 됐다. 병원에 갔더니 감기가 아니고 정밀검사를 해야 한다고 했다. 갑상선 결절이라며 계속 관리가 필요하다고 했다. 수면 부족에 과로가 겹친 당연한 결과였다.

　남편이 돌아왔다. 나는 초긴장했다. "고생했네."라고 짧게 말했다. 일과 가정에 최선을 다하려고 동동거리며 사는 나를 어느 정도 이해한다는 목소리로 들렸다. 아마도 남편은 우리 집 들어오기 전에 어머니께 죄송했다고 충분히 사죄를 했을 것이다. 어머니는 아들 내외가 싸우지 않고 살기를 바라는 마음에 크게 문제 삼지 않기로 하신 것 같았다. 또 집에 돌아와 보니 얼굴이 반쪽이 다 된 나도 안쓰러웠던 모양이다. 잠시 후 남편 휴대폰이 울렸다. 교육원에서 같은 방을 사용한 동료였다. 전화를 받더니 남편이 짧게 말하고 끊었다.

　"네 집 연탄불이나 신경 써."

나는 얼굴이 화끈거렸다. 고부간 갈등으로 부부싸움을 한 남편이 걱정이 되어서 동료가 전화를 했던 것이다. 그 남자는 내가 시어머니에게 대들었으니 아마 이혼감이라고 생각했던 것 같았다. 반면에 남편과 시어머니는 담대했다. 그런데도 나는 남편에게 "미안하다."고 말한 기억이 없다. "나는 최선을 다했는데 억울하다. 어머니가 고지식하다."고만 했던 것 같았다.

지금 와서 생각하니 내가 남편과 시어머니께 정말 철없는 언행을 많이 했다. 어머니가 돌아가셨으니 죄송한 마음을 전할 길이 없다. 어머니가 사랑한 남편에게 두 배로 잘해야겠다는 생각을 해본다. 남편은 내가 직장과 육아 사이에서 항상 최선을 다하고 있다는 것을 인정하고 짧게라도 "고생했다."는 말을 자주했다. 또 내 행동에 아무 말이 없었던 것은 나를 무시하는 것이 아니었다. 도와주고 싶은데 도와주지 못해서 안타깝다는 무언의 말이었다. 그런데 나는 그걸 이해하는 데 아주 오랜 시간이 걸렸다.

어느 시인은 "사랑한다는 것은 두려움 없이 서로를 지켜주고 후회를 남기지 않는 삶을 살아가는 것"이라고 했다. 남편은 나에게 이런 사람이었다.

03

결혼생활은 사랑만으로 완성되지 않는다

* 남편도 꾀돌이 여우과다

"처고모가 돌아가셔서 서울을 가게 됐어. 그래서 내일 골프를 못 하게 됐네. 대타를 구해줄게."

남편들은 집에 안 들어가기 위해 친구나 직장동료 부모상을 아내에게 거짓으로 말한다고 한다. 그런데 내 남편이 골프 약속을 취소하고 나와 2박 3일을 보내기 위해 내 앞에서 이런 거짓전화를 하는 걸 보고 깜짝 놀랐다. 확실히 내가 무섭긴 했었나 보다. 평소 선의의 거짓말도 안 된다고 내게 주의를 준 사람인데. 지난해 여름휴가 때 일이었다.

나는 남편이 2019년도 하반기에 명예퇴직 할 것을 허락했음에도 자주 불안해했다. 남편도 내가 언제 어느 때 돌변할 줄 몰랐기에 내 눈치를 자주 봤다. 그나마 지난해 8월부터는 내 심정이 많이 안정되고 있었다. 왜냐하면 남편의 책 초고가 완성되어 서문을 쓸 때쯤이었다. 그래서 여름 휴가를 잘 보내고 싶었다. 한 시간 반 거리의 순창군 산자락에 대법원 가인연수관이 있다. 남편이 퇴직하면 더 이상 이용할 수 없기에 우리는 그곳을 2박 3일간 예약했다. 남편이 순창과 가까운 곳에 사시는 친정언니 내외도 초청했다. 친정언니와 같이 보내게 되어 나는 기분이 업 되었다. 그런데 남편이 휴가 이튿날은 대학원 동기와 골프를 치러간다는 것이다. 나는 그 소리를 듣자마자 다시 화를 내기 시작했다. 피가 거꾸로 솟았다. 남편에 대한 감사함이 금세 분노로 바뀌었다. 사태를 파악한 남편이 궁여지책으로 처가상을 핑계 대고 나랑 함께 휴가를 보내게 됐다.

나는 휴가를 남편과 호젓하게 보내면서 포도가 한창 익어가는 고창군 성송면의 도덕현 포도농가를 방문할 계획이었다. 그런데 휴가 기간 동안 골프를 계획한 남편이 실망스러웠다. 화를 내면 나는 급속도로 피곤해지고 두통이 찾아온다. 남편은 피순대국을 나에게 사 먹이고 저녁에는 강천사 길을 산책했다. 다시 관계가 호전되었다. 오랜만에 좋은 시간을 갖게 됐다. 언니 내외도 한여름의 피서를 산속에서 갖게 되자 무척 좋아했다. 어찌 보면 남편은 꾀 많은 여우같다. 내가 값싼 피순대와 향기 좋은 연한 커피면 몸이 회복된다는 것을 잘 알고 있었다. 그리고 내가 하루 6천 걸음을 달성하면 무척 좋아한다는 것까지.

내가 화를 내게 된 결정적인 이유는 남편이 개업을 앞두고 더 많이 밖으로 나다녔기 때문이다. 그간 소홀했던 분들의 애경사를 더 챙겼고 때로는 그들과 여행도 같이했다. 나는 남편이 마지막 공직 6개월을 차분하게 보내길 원했다. 그런데 그는 물 만난 미꾸라지처럼 잘도 돌아다녔던 것이다. 그럴수록 나는 애착과 집착 증세를 보였다. 그래도 내보낼 수밖에 없었다. 혼자 남은 나는 허전한 마음을 기도와 『매일성경』 공부로 위안을 가졌다. 때로 친한 직장언니와 친정언니에게 한 번씩 하소연을 했다. 그리고 주말 새벽엔 격렬하게 테니스공을 쳐댔다. 동네 보세 옷가게를 다니며 싸고 예쁜 옷을 수시로 사며 스트레스도 풀었다. 그 시절 일기는 새로운 파견근무지 에피소드와 남편에 대한 고민이 가득했다. 그래도 나는 항상 일기와 기도문 종결이 '아내로서 엄마로서 공직자로서 성도로서 부끄럽지 않고 본이 되는 삶을 살게 하소서.'였다.

이튿날 아침 남편과 나 그리고 형부랑 셋이서 고창군 포도농가를 찾아갔다. 남편은 자신의 책 주인공인 도덕현 농부에게 인사를 드리면서 추천사를 받고 싶어 했다. 형부는 부업으로 과수 재배가 취미였다. 포도 재배 노하우를 배우는 좋은 기회가 되었다. 모든 것을 충족시켜준 도덕현 농부에게 감사드린다. 그는 한 시간 동안 300평 정도의 포도밭을 우리랑 답사하듯 일일이 설명을 해주셨다. 또 오래도록 모정에 앉아서 그의 신토불이 철학을 우리 일행에게 들려주셨다. 나는 한여름 더위에 남자분들 셋의 대화가 지루하지 않도록 세 분의 대화에 간간히 감탄사와 추임새를 넣어드렸다. 참으로 행복한 시간이었다. 다시 숙소로 돌아오는 길에는 남편과 형부가 편안하게 눈을 붙일 수 있도록 운전을 해주었다. 그날 좋은 인연을 맺게 된 도덕현 농부 내외는 남편 출판기념회에 오셔서 뜻 깊은 축사를 해주셨다.

* 빵과 장미 둘 다 중요하다

지난 2월말이었다. 3월 4일이면 남편 사무실 직원 월급날이다. 그리고 작은아들 생일이다. 작은아들은 고3이 되면서 서울로 거문고 레슨을 받으러 가기로 했다. 악기도 입시용으로 사주기로 했고, 초견 지도는 별도로 S음대생에게 받기로 했다. 남편은 대학원 2년차 등록금을 2월 28일까지 납부해야 했다. 남편은 등록을 머뭇거렸다. 우리 가정이 만물이 생동하는 3월을 맞아 제일 중요한 것은 이 모든 것을 커버할 돈이 필요했다. 2월 28일 아침부터 돈 걱정을 했다. 남편은 새벽에 나를 깨우더니 김미경 작가의 유튜브 방송 〈부자 되고 싶다면 이것부터 버리세요〉를 보여줬다. 내용은 유명한 펀드매니저 존 리와의 대화였다. 엄청난 자녀 사교육비 대신 자녀 몫으로 펀드에 투자하여 20세에 창업자금을 주라는 내용이었다. 완전히 기분이 나빠졌다. 우리 부부가 예체능 사교육비로 어마어마한 돈을 썼고 또 앞으로도 써야 하기 때문이다. 나는 유튜브를 보다가 말았다. 예전에 큰아들이 골프를 시작할 때 남편의 외사촌이자 자수성가한 분이 남편에게 "골프 시키지 말고 트럭을 한 대 사줘서 배추장사를 시켜라."라며 독설을 했던 일까지 떠올랐다. 나는 생각한다. '배추장사는 나중에 언제든지 할 수 있지만, 골프는 청소년기에 도전할 수 있는 멋지고 중요한 꿈이다. 그리고 그 길을 선택한 것이 백 번 잘했다.'고.

작은아들 역시 마찬가지다. 작은아들이 아직 거문고에 미치도록 재미를 느끼는 것은 아니지만 그의 성품에 맞았다. 그리고 단계별로 훌륭한 스승님들을 만난 것이 계기가 되어 드디어 서울 입성을 눈앞에 두게 됐다. 나는 만 20세까지 아들을 도울 것이다. 두 아들이 각각 프로골퍼와 명문대 국악도라는 자격을 갖추면, 레슨을 하면서 그들도 어느 정도 독립을 할 수가 있다. 날개를 달아주는 것까지만 내 역할이다. 남편도 같은 생각이다. 남편은 그날 아침 평소보다 나와 많은 대화를 했다. 잠시 후 남편은 공인인증서를 꺼내며 사무실 용도별 세 개의 통장잔고를 보여줬다. 인건비 통장에 직원 월급은 있었다.

"그럼 당신 몫은?"

"……."

벌어들인 수입은 남편 공무원 시절보다 많은 것은 분명했다. 그러나 남편 몫은 없었다. 6개월은 각오해야 했다. 영업 활동에 필요한 경비는 활동비 통장에서 지출하고 있다고 했다. 그래도 둘째 아들 레슨비는 남편이 부담해야 한다고 책임을 줬다. 나는 악기를 사기 위해 대출을 신청했던 터다. 집안 생활비까지는 원하지 않았다. 정말 실감났다. 예전에 잘 알고 지내는 선배 언니가 사업하는 남편 사무실 직원 급여를 위해 대출을 받았다는 말이 떠올랐다. 더구나 지금은 '코로나19'사태로 불경기인데 자영업자도 어렵고 직원들도 급여가 감액되고 있는 상황이라고 한다. 남편의 업종은 불경기와 직접적인 관계는 없으나 그래도 다소 걱정은 된다. 2월 28일 저녁 퇴근 후 남편이 내게 말했다.

"창업자금을 대출 신청했어."
"아이쿠, 내가 아침에 당신에게 너무 부담을 줬구나. 미안해."
"대학원 등록금도 납부했어."
"잘했어요. 석사를 못 따도 수료는 해야 돼. 젊은 창업 인재와의 교류가 당신 재산이야."
"오늘 내 카페에 부천의 한 법무사가 회원 가입했어. 내 창업 코칭이 잘될 것 같아."

남편은 29일 아침 새벽에 첫차를 타고 상경했다. 유튜브 방송기술을 좀 더 배우기 위해서다. 나는 새 양말과 새 마스크와 바나나를 챙겨줬다. 아들은 아들대로 스승을 만나 입시용 거문고를 사기 위해 서울로 출발했다. 아들이 출발 전 물었다.

"엄마, 거문고 값 흥정해야 돼요?"

"엄마가 장사꾼 딸이잖아. 장사꾼으로 대하면 너는 물건을 사는 것이고, 네가 장인 대접해주면 필요한 명품악기를 사는 것이야."

'아들아, 가격 흥정할 시간에 좋은 악기를 빨리 만나 네 친구로 만드는 것이 더 중요하단다.' 이것이 나의 속마음이다. 남편과 나는 정말 머릿속에 계산기가 있다가도 없다. 우리 가족의 꿈과 행복을 위해서라면 얼마든지 보험을 해약했다. 아프고 배고플 때를 대비하기보다는 행복하게 살 미래를 위해 보험을 해약하거나 보험담보대출을 한다. 빵과 장미 둘 다 중요하다. 그렇다고 꿈에 대하여 장밋빛 환상만 갖고 있는 것도 아니다. 아름다운 장미꽃을 피우고 지키기 위해 가시도 날카롭게 뾰족하게 키우려다. 여기서 가시란 냉철함이다. 만일 가족들이 현실을 직시하지 않고 낭만에 젖어 안일하고 게으름을 피운다면 내 자신은 물론 남편과 아들에게도 일침을 놓겠다. 남편이라는 큰 포도나무, 골프와 거문고라는 두 꿈돌이 청년을 사랑하되 가정경영자로서 늘 정신을 바짝 차리겠다.

04

부부는 같은 곳을 바라봐야 한다

* 같은 곳을 바라보는 삼각형

KBS 김재원 아나운서가 행복발전소 김향숙 소장에게 물었다.

"부부 관계 회복을 위하여 가장 중요한 열쇠는 뭘까요?"

"하나님이죠. 늘 위를 쳐다보면 답이 있어요. 그런데, 우리가 서로 상대만 바라보고 있어서 문제가 되는 거예요. 부부란 마주 보고 있는 게 아니라, 함께 같은 방향을 바라보고 있는 거라고 하잖아요."

계속해서 김 소장은 "서로 상대방만 바라보면, 실망을 하거나 낙심하게 되고, 때로는 절망할 수밖에 없다. 두 사람이 같이 위를 바라볼수록, 서로 사이가 점점 가까워진다."고 말했다. 많이 공감 가는 말이다. 부부란 하나님을 꼭지점으로 삼고 부부가 사람 인(人) 자처럼 서로 함께 의지하며 같은 곳을 바라보는 삼각형이라는 생각을 해본다.

남편과 내가 지금 하나님께 간절히 바라는 것은 예체능의 길을 걷고 있는 두 아들에 대한 튼튼한 뒷바라지와 풍요로운 결실이다. 또 그 뒷바라지를 위해 시작한 남편 사업이 잘되길 바라고 있다. 두 아들이 예체능을 시작한 지가 올해로 칠년 째다. 그간에 돈도 많이 들었고 레슨 선생님을 여러 차례 모시는 과정에서 진통도 많았다. 사실 부모의 정보력과 경제력이 절대적으로 중요했다. 그런데 우리는 잘 알지 못했고 따로 비축한 큰돈이 따로 있었던 것도 아니었다. 한마디로 좌충우돌했다. 그런데 놀라운 것은 자녀 교육 문제로 크게 싸우지 않았다. 오히려 부부간에 대화시간이 늘었다. 서로 힘을 합쳐서 뭔가를 하나하나 이뤄내고 있었다. 누군가 시련은 변형된 축복이라고 했다. 나는 그 말의 의미를 조금은 알 것 같다.

남편과 나는 애들 뒷바라지에 역할 분담을 하면서도 수시로 상황을 공유했기에 지치지 않았다. 경제적 어려움이 있을 때는 아이에게 솔직하게 말한 것이 오히려 아이가 더 분발하는 계기가 되어 성적이 올라가기도

했다. 그리고 하나님은 매번 훌륭한 선생님을 우리 가정에 보내주셨다. 그 선생님들과의 인연은 짧게는 1년 길게는 4년까지 갔다. 가르치는 동안에는 군사부일체가 되어 우리 아이의 기초를 튼튼히 잡아주셨다.

✽ 행복한 결혼전도사가 되자

지난해 연말 나는 버킷리스트 50개를 적은 적이 있다. 그중 다섯 개를 특별히 선별하여 뜻을 같이한 사람들과 함께 2020년 2월에 『운명을 바꾸는 종이 위의 기적, 버킷리스트 22』를 출간했다. 위 도서 목차 PART 6에 내 장 제목과 리스트가 다음과 같이 소개됐다.

PART 6. 건강하고 화목한 가정을 이룩하고 행복한 결혼생활 전도사 되기_이혜성

01 (가칭)꿈행복드림센터 설립운영
02 차남이 거문고 명인이 되도록 늘 기도하기
03 습관성 방광염과 만성빈혈 1년 안에 완치하기
04 직장에서 욱하고 큰소리 내는 성질 죽이기
05 전국 시도 공무원교육원 스타강사 되기

첫 번째와 두 번째는 모두 두 아들과 관련된 소망이다. 첫 번째는 큰아들을 일찍 군대 보낸 것에 대한 미안한 마음과 관련 있다. 우리 가족 꿈도 확장시키고 타인에게 선한 영향력을 전도하는 꿈행복드림센터(가칭)를 설립하고 운영할 소원을 담았다. 두 번째는 차남이 거문고 명인이 되기를 바라는 소망이다. 단계별로 훌륭한 스승을 찾아 주고 늘 기도하며 잘할 때까지 기다려줘야겠다는 내 다짐을 담았다. 나머지 소원은 내 만성질환인 질병 완치와 욱하는 성격 개조, 그리고 공무원으로서의 마지막 보직경로와 꿈을 담아봤다. 그런데 이 소원을 적고 책이 출간되어 내 손에 도착하기 전에 내 소원이 거의 반절 정도 이뤄지는 것을 체험했다. 나도 깜짝 놀랐다. 나의 소원을 하나님이 응답해준 느낌이다.

남편이 입주한 빌딩 이름은 '드림빌딩'이다. 해석하자면 꿈이 있는 빌딩이다. 1층은 딸을 미국으로 유학 보낸 부부가 중화요리집을 운영하고 있다. 2층은 남편이 입주하여 법무사 영업과 창업 코칭을 하고 있다. 1, 2층 상가에 입주한 두 부부가 모두 자녀를 위해 개업을 한 셈이다. 2층 남편 사무실 맞은편 40평은 아직 주인을 만나지 못했다. 그 사무실은 내가 보기에 교육연구실로 사용하기에 딱이다. 나는 꿈행복드림센터(가칭)를 설립 운영하고 싶은 욕심이 생겼다. 공직 은퇴 후 자녀 교육 상담과 부부 상담을 하면서 누군가에게 행복을 드리는 삶을 살고 싶다. '드림'이라는 단어가 주는 좋은 이미지가 계속해서 좋은 일을 몰고 올 것만 같다. 지난 1월 4일 남편 개업을 앞두고 큰아들이 휴가를 나오길 바라는 마음으로 나는 버킷리스트 첫 번째 글을 큰아들 상사에게 보낸 적이 있었다. 훈련이 있어서 못 나왔지만 중대장님은 아들과 함께 축하 동영상을 제작해서 보내주셨다. 그 영상은 파워블로거가 포도나무 법무사 아들이라고 소개하여 남편 사업을 인터넷상에 톡톡히 홍보하고 있다. 또 남편이 활동하고 있는 카네기 클럽에서 부설 교육센터 실무 미팅 장소로 남편 사무실을 활용하고 있으니 기쁜 일이다. 뭔가 내 꿈에 한 발짝 다가서는 좋은 느낌이 든다.

지난 2월 초에는 작은아들 거문고 선생님과 저녁식사를 같이하게 됐다. 고3이 되는 아들에 대한 진로상담 자리였다. 나는 아들과 선생님께 부담이 될까 봐 수도권 대학 진학을 바란다는 말을 그간 해본 적이 없었다. 그런데 아들의 거문고 실력이 껑충 향상되었다고 했다. 선생님은 수도권 대학을 욕심내도 될 실력이 됐다며 서울에 계시는 선생님을 추천해주셨다. 깜짝 놀랐다. 대부분 예체능 선생님들은 레슨 단가가 비싼 편이기에 아이들을 먼저 놓아주는 경우가 드물기 때문이다. 그간 아들은 변변한 악기가 없어서 학교에서 거문고를 대여해서 사용하고 있었다. 악기 탓을 하지 않고 묵묵히 해준 아들이 고마웠다. 서울로 레슨을 옮기면 당연히 레슨비도 고가이고 대학에 따라 초견과 구술면접도 준비해야 한다고 했다. 부모 부담이 배로 늘게 되더라도 남편과 나는 서울로 레슨을 옮기고 그 부담을 하기로 했다. 새 선생님은 반면에 입시생이라 부담을 다소 가지셨다. 나와 남편은 우리는 부모로서 뒷바라지에 보람을 느끼지 본전 생각하는 사람 아니라고 했다. 이후 새 선생님께서도 우리아이 의지를 높이 평가하여 아들에게 더 연습하라고 잠자리도 제공하고 연습실도 소개해주셨다. 솔직히 입시는 부모도 선생님도 아들도 최선을 다하고 결과는 하늘에 맡기는 것이 답이라고 본다. 며칠 후에는 아들 친구 누나이자 S대 국악학과 재학생이 적은 레슨비로 초견을 지도해주신다고 했다. 작은아들이 거문고 명인이 되기를 바라는 내 기도에 마치 하나님이 바로바로 응답하시는 것처럼 이렇게 주변에서 최적의 조건이 다가오니 참 감사할 일이었다.

셋째와 넷째 소원은 이뤄진 것이나 다름없다. 남편은 내가 지난 3개월 동안 남편 개업 준비와 고3 아들 진로 준비, 직장 이사회 준비 등 아플 때가 됐는데도 아프다는 소리를 안 한다며 좋아한다. 내가 건강해야 남편 사업도 아들 꿈도 돌볼 수 있다는 생각에 정신을 바짝 차린 덕분이다. 특히 내 건강에 기초가 되는 물 마시기를 꾸준히 했다. 직장에서 욱하는 내 성질도 절제하니 일거양득이다. 그리고 다섯 번째 소원은 공무원교육원 스타강사 되기인데 현재 유관기관 파견지에서 유익한 경험을 많이 하고 있어 도움이 되고 있다. 민간기관에 파견 와서 지자체나 중앙부처와 관련된 일을 하다 보니 공무원 역할의 중요성에 대해서 진지하게 생각하게 되었다.

위 다섯 가지 꿈을 적고 세상에 선포하기 전에 남편에게 먼저 보여준
적이 있다. 남편은 꼭 이뤄질 것이라며 격려해줬다. 또 내 꿈과 남편의
인생설계도가 어느 정도 일치했기 때문에 기뻐해줬다. 이 모든 꿈을 이
루는 가장 중요한 키는 하나님의 축복과 부부간의 행복한 동행이라고 본
다. 자녀를 키우면서 우리 부부간에 대화는 풍부해졌고, 예체능 세계를
바라보는 식견도 가졌고, 신앙심도 깊어졌다. 결국은 자녀 뒷바라지를
통해 우리 부부가 성장한 셈이다. 아직도 가야 할 길은 멀다. 그러나 같
은 방향을 바라보며 함께 걷는 동반자가 있어 꿈꾸는 과정도 행복하고
즐겁다. 내가 좋아하는 찬송가 491장 〈저 높은 곳을 향하여〉로 마무리한
다.

"저 높은 곳을 향하여 날마다 나아갑니다. 내 뜻과 정성 모아서 날마다 기도
합니다. 내 주여 내 맘 붙드사 그곳에 있게 하소서. 그 곳은 빛과 사랑이 언제
나 넘치옵니다."

남편이 아내와 아들에게도 친구가 되는 비결

* 새로운 것을 계속 배우고 익힌다

신종 코로나바이러스 확산 우려로 새해 들어서 남편이 외부에서 이뤄지는 아침 스터디를 멈췄다. 그간 볼 수 없었던 남편 얼굴을 화요일, 금요일, 토요일 아침에도 보니 반갑다. 평소에 나에게 미운 남편이었다면 이런 친밀감을 가질 수 있었을까? 모처럼 남편과 같이 아침식사를 하고 가볍게 대화를 할 수 있어서 기쁘다. 불과 지난 연말만 해도 생활 패턴이 달라서 저녁에 일찍 자는 남편을 깨워서 내가 이야기를 걸 수 없었다. 또 남편은 아침에 늦게 일어나는 아내를 깨워서 말을 걸 수 없었던 날들이었다.

요즘 남편은 새벽 4시에 일어나 자율학습을 한다. 책을 보거나 원고를 쓰거나 유튜브 방송을 듣는다. 본인의 유튜브를 찍고 싶을 때는 새벽에 사무실에 나가서 작업을 하다가 집에 다시 돌아온다. 아침 6시 30분, 남편이 설거지 하는 소리에 나는 잠을 깬다. 그가 나하고 이야기하고 싶어서 설거지를 일부러 요란히 하나 싶다. 그때부터 대화는 시작된다. 남편은 자신이 읽은 책이나 유튜브를 통해서 얻게 된 새로운 정보에 대해서 말하기 바쁘다. 마치 나를 카네기 클럽 스터디 모임에 나오는 회원 대하듯 한다. 나는 모든 게 새롭고 신기하다. 유익한 정보가 많았다. "응, 그래? 그랬구나. 와!" 하며 신나게 듣는다.

어찌 보면 남편은 그간 새벽형 인간으로 아침 멤버들과 공부를 하면서 많은 대화를 나눴다. 그런데 그게 단절된 것이다. 더구나 그는 사회 신입생으로 날마다 일상이 새로웠는데 아침에 대화 나눌 사람이 없었다. 이제 내가 최고의 아침 파트너가 되었다. 남편과 대화시간이 너무 좋아서 나는 출근이 점점 늦어질 정도다.

하루는 남편이 새벽에 법무사사무실을 다녀왔다. 사무실을 배경으로 유튜브를 찍었다고 한다. 본인 스스로 잘 만들었다고 생각했는지 빨리 게시하고자 했다.

"안 돼요. 첫 구독자는 접니다. 나부터 볼게."

남편 영상은 내가 최초 구독자가 되어 섬네일이나 자막글 오타를 잡아 준다. 12분짜리 영상은 놀랍게도 〈법무사 개업 초기 인테리어 비용〉이었다. 처음에는 "별걸 다 찍네. 민감한 개업 비용을 공개하다니 좀 걱정되는데."하다가 입가에 웃음이 지어졌다.

영상을 보니 20평 사무실 운영에 필요한 비품이 잘 소개되었다. 전체적인 분위기도 고급스럽게 보여서 만족스러웠다. 냉난방기 설치비용, 사무용가구, 전산기기 등을 순서대로 돌아가며 몇 백만 원대로 설명했고 법무사협회 등록비까지 잘 설명했다. 그런데 아뿔사 남편이 창문 '블라인더'를 '파티션'으로 발음해버린 것이다. 또 그는 코가 가려웠는지 손이 콧등으로 자주 올라갔다. 가끔씩 마른기침도 했다. 한 번 더 돌려봤다. 동영상 첫 관문인 섬네일 그림으로 침대 사진이 나왔다. 머리가 순간 띵했다. 일단 칭찬부터 말하기 시작했다.

"법무사님! 예비 창업자들에게 꼭 필요한 정보를 상세하게 잘 담았네. 가구 이름 틀리게 말한 것도 넘어갈 수 있어. 손이 코로 간 것도 참을 수 있어. 코딱지 후빈 것도 아니니까. 그런데 섬네일 침대 그림은 참을 수가 없다."

"아니, 인테리어 이미지 살린 것인데?"

"아저씨, 당신은 가구사 사장님이 아니예요. 침대 그림은 안 어울려. 법무사사무실이라구요."

남편은 사태를 파악했다. 침대 사진을 내리고 본인 사진 옆에 '창업비용체크'라고 글씨를 크게 써서 교체했다. 이것이 남편의 큰 장점이다. 새로운 것을 아내에게 보여주고 칭찬 받으면 좋아하고 지적하면 얼른 시정하여 더 잘해버린다. 남편의 이런 성격이 밖에 나가서 사랑받고 인정받는 비결인 것 같다. 그래서 친구가 많은가 보다. 남편이 SNS를 활용한 홍보마케팅 작업을 하는 것을 지켜보는 나도 늘 재미있다. 예전에 책 원고 쓸 때는 10포인트 글씨로 종이 가득 채워 놓은 것이라 교정 보기가 좀 지루한 면이 있었다. 반면에 영상에는 잘 생긴 남편이 보인다. 비록 말투는 좀 촌스럽지만 진정성이 있어서 정겹게 들린다. 그래서 교정 보기가 재미있다. 교정을 마치고 게시하면 그 순간부터 조회수 보는 재미가 쏠쏠하다. '좋아요' 숫자가 늘어나면 마치 내가 칭찬받는 기분이다.

남편은 요즘 내가 밥을 안 해도, 청소를 안 해도 뭐라 하지 않는다. 자신이 하고 있는 일에 즐겁게 맞장구 쳐주고 치명적인 오류만 잡아주면 그걸로 행복해한다. 나도 그래서 너무 좋다. 남편은 요즘 뭐든지 배우려 한다. 내가 사준 백팩까지 등에 메고 다니니까 학생처럼 젊어 보인다. 아빠와 엄마가 아침에 나누는 대화가 너무 유쾌 상쾌했는지 작은아들이 방에서 나오면서 '씨익~' 하고 웃는다. 남편은 내가 없을 땐 아들에게 자신이 만든 영상을 봐달라고 한다. 나이라는 권위를 내려놓고 아들에게 물으니 아들도 신나라 한다. 역시 내 남편은 '멋진 남편, 친구 같은 아빠다.'

* 안이함을 뿌리치는 모험심이 있다

세익스피어가 중년에게 주는 제1의 교훈은 "학생으로 계속 남아 있으라."다. 배움을 포기하는 순간 우리 인간은 늙기 시작한다. 생생해 보이는 젊은이라도 배우고 성장하지 못하면 마음은 이미 늙은이와 같다는 말이다. 세익스피어 기준에 따르면 확실히 남편은 멋진 중년 학생이다.

요즘 남편이 만든 유튜브 방송 위력을 실감하고 있다. 군에 있는 아들이 아빠 영상을 보면서 아빠를 많이 이해하게 된 것이다. 큰아들은 약 5년간 운동만 하다 보니 중·고교 친구가 거의 없다. 운동하면서 알게 된친구가 전부다. 지도하시는 프로님과 아빠가 친구나 다름없다. 그래서아빠를 유난히 좋아한다. 남편도 자신보다 키가 키고 큰 멋진 체형을 가진 아들을 감탄사를 사용하며 자랑스러워한다. 정도가 지나치면 나는 말한다.

"그 아들 내가 낳았어요."

"맞아. ㅇㅇ이는 엄마 아빠 좋은 점만 닮은 것 같아. 잘생겼어. 인물이 훤해서 방송계로 나갔으면 좋겠어."

사실 남편과 아들은 골프를 시작하기 전까지 대화가 짧았다. 서로 뭔가 마음에 안 들었는지 좀 위태로운 순간도 있었다. 골프를 통해서 훈육의 대상이 아니라 서로 친구가 되었다. 취미만 같아도 사람은 정들기 마련이다. 골프가 취미가 아닌 아들에겐 생존수단이 되고, 남편으로서는 전 재산을 건 보물덩어리니 유대관계를 넘어 운명공동체가 되다시피 했다. 일부 부모는 스파르타식으로 자녀를 훈련시키면서 부자지간에 더 사이가 나빠진 경우도 있었다. 즉 아들을 투자의 대상으로 보고 본전을 생각하면 안 되는데 워낙 고가비용이다 보니 부자지간에 금이 생긴 것이다. 아들은 골프를 통해서 자존감을 회복하게 됐다. 노력하면 성적이 올라간다는 기쁨과 그 이상을 도전할 꿈과 용기도 갖게 됐다. 그런 소중한 학습을 4년 넘게 아빠랑 했으니 아빠는 친구와 다름없다. 그 어려운 프로의 길을 아빠를 친구로 삼고, 지도하시는 프로님을 멘토로 따르며 이뤄낸 아들이 너무나 자랑스럽다.

남편은 주말이면 군에 있는 아들과 긴 통화를 한다. 지난 주말엔 남편이 엄마인 나도 통화내용을 들을 수 있도록 스피커폰을 눌렀다.

"이번 주 아빠 방송 어때?"

"점점 세련되게 잘하셔요."

"요즘 코로나 때문에 힘들지?"

"훈련이 없을 때는 유튜브로 골프 방송 많이 봐요. 공부가 많이 돼요."

"L프로님과 통화는 자주하니?"

"그럼요. L프로님의 모든 점을 다 전수받고 싶어요."

듣는 나도 흐뭇했다. 큰아들도 아빠 닮아서 배우는 재미를 느낀 것이다. 남편을 생각하면 사무엘 울만의 「청춘」이란 시가 떠오른다. 시인은 청춘이란 인생의 어떤 한 시기가 아니라 마음가짐을 뜻한다고 했다. 남편에게는 강인한 의지, 풍부한 상상력, 불타는 열정이 있다. 안이함을 뿌리치는 모험심, 그 탁월한 정신력이 있으니 남편은 50대라도 스물두 살인 아들과 친구가 된 것이다.

나도 싯구처럼 내 가슴속에 이심전심의 안테나가 있어서 남편과 함께 신으로부터 아름다움과 희망, 기쁨, 용기, 힘의 영감을 받아 언제까지나 청춘이고 싶다.

06

한 번 한 약속은 꼭 지켜라

✳ 사준다고 말했으면 사줘야지

'남아일언중천금(男兒一言重千金)'이라 했다. 남자의 한마디 말은 천근의 금처럼 중요하다는 말이다. 말에 신중을 기하라는 뜻이다. 반대로 우스갯소리로 나 어렸을 적에는 '남아일언풍선껌'이라는 말도 있었다. 이는 가볍게 말하고 실천하지 않는 사람에 대한 따끔한 지적이다. 어찌 남자에게만 해당되겠는가? 남녀노소 누구나 자기 말에 책임을 져야 하고 한번 한 약속은 꼭 지켜야 한다. 특히 가까운 가족에게는 더욱더 그렇다. 말을 가볍게 하고 약속을 안 지킨다는 것은 곧 거짓말을 한다는 것을 의미한다. 이것이 습관이 되지 않도록 주의를 해야 한다.

남편은 나의 일상생활에 대해서 대체로 관대하다. 그런데 학교 선생님처럼 정색을 하고 나를 혼내는 경우가 딱 두 가지 있다. 첫째, 남편과의 시간약속을 제때 안 지킬 때다. 둘째, 가족들에게 목표 달성을 촉구하기 위해 "~하면 ~해줄게."를 말하고 지키지 않을 때다. 또 불가피하게 애들에게 말하곤 했던 '선의의 거짓말'도 못 하게 한다. 남편은 참 바른 남편이고, 바른 아빠란 생각이 든다. 감사할 일이다.

나는 직장에서는 빈틈없기 위해 노력했다. 각종 보고서는 보고기한보다 더 빨리 작성하여 제출했다. 대외행사만큼은 한 시간 전에 도착하여 리허설 등을 충분히 한다. 업무처리도 내 승진을 위해서 일하는 것이 아니라 맡은 바 공직자로서 최선을 다하는 데 초점을 두고 일했다. 그런데 유독 왜 남편에게만 느슨한 모습을 보였을까? 직장 일에만 긴장을 하고 일하다보니 가까운 가족에게 소홀하게 된 것이다. 어찌 보면 남편을 만만하게 편하게 본 것이다. 내가 남편과의 시간약속을 제때 안 지킨 것은 남편의 시간을 빼앗은 일이었다. 또 내가 남편에게 목표 달성을 위해 큰 선물을 공약하고 이행하지 않은 것은 남편의 노력과 열정을 가볍게 여기는 나쁜 심보였다. 앞으로 남편의 시간과 노력을 경시하는 아내가 되지 않기 위해 옛일을 떠올리며 반성해본다.

남편이 2007년도에 7급 승진시험을 준비할 때였다. 남편이 공직을 늦게 시작했기에 어서어서 빨리 승진하기를 나는 바랐었다. 하지만 남편은 30대 후반에 7급 승진시험 공부하는 것에 부담을 느끼고 있었다. 때마침 남편은 자동차를 바꾸고 싶어했다. 신혼 때 새 차를 샀지만 아들 둘을 키우고 연식이 9년차 되다 보니 잔고장이 나기 시작했었다. 사실 나도 자동차 한 대로 직장생활하기가 불편했다. 자동차는 주로 남편이 몰고 나는 택시를 타고 다녔다. 나도 내심 자동차 한 대가 더 필요하다고 생각하고 있었는데 불쑥 "당신 승진시험 합격하고 나면 우리 자동차 한 대 더 사자."라는 비슷한 말을 했던 것 같았다. 그런데 남편은 '승진시험 합격하면 자동차 사줄게.'로 받아들였다.

나는 지금도 당시의 상황이 이해가 안 간다. 아파트 담보대출로 2006년도에 새 아파트를 샀었다. 남편보다 내 급여가 조금 많아 대출을 내 명의로 받았기에 나는 15년간 원리금을 분할 상환하는 중이었다. 자동차를 새로 살 꿈은 엄두도 못 낼 상황이었다. 그런데 남편은 시험을 합격한 날부터 나를 조르기 시작했다. "왜 안 사주냐?"고. 나는 기가 막혔다. 나는 사준다고 약속했는지조차 생각이 나질 않았다. 남편은 자신이 "승진시험 합격도 간절히 원했고, 자동차도 간절히 원했기에 정확히 기억한다."고 말했다. 결국은 내가 승복했다. 법원직공무원으로 늘 사실관계를 확인하는 남편이니 내 논리가 달릴 수밖에 없었다. 애매모호하게 말한 내 잘못이 컸다. 국어국문학과 출신인 나는 말을 많이 하고 표현은 풍부했다. 그러다 보니 말에 핵심이 없는 때가 있다. 철학과를 나와서 법조 일을 하는 남편은 논리적이고 꼭 필요한 말만 했다. 결국 나는 내 퇴직금 담보대출을 받아서 남편에게 자동차 한 대 값을 송금했다. 남편은 바로 차를 계약하고 바로 자동차를 우리 집 아파트로 가져왔다. 남편과 아들은 기뻐했지만 나는 도무지 기쁘지 않았다. 아파트 담보대출에 퇴직금 담보대출까지 많은 빚을 지게 되어 마음이 무거웠던 것이다. 나는 내 말에 대한 책임과 반성보다는 남편이 철이 없다고 생각했다. '남자들이란 왜 이렇게 차 욕심이 많지.'하며 한심하게 생각했다. 이후로 나는 '~하면 ~할게.'라는 조건부 말 습관이나 경기 결과에 따라 돈을 거는 행위 등을 일절 하지 않게 되었다. 나도 변심할 수 있고 경우에 따라 해석이 달라 시비가 생길 수도 있기 때문이다.

반면에 남편은 가족에게 뭘 사준다고 약속했을 경우 정확히 이행했다. 예전에 중학생이었던 아들이 시계를 사달고 했을 때 남편은 당시 보유했던 제이에스티나사 주식이 몇 원까지 오르면 아들에게 시계를 사준다고 약속한 적이 있었다. 남편은 주가가 목표에 다다르자 정확히 시계를 사주었다. 그 후로도 남편은 아들과 약속을 여러 번하고 큰 것이나 작은 것이나 모두 지켰다. 가장 최근에 지킨 약속은 아들이 군에 가 있는 동안 남편이 개업하여 기반을 잡겠다고 한 말이다. 아나나 다를까 그는 개업을 했다. 또 기반을 잡기 위해 정말로 열심히 배우고 일하고 있다.

* 약속한 시간 안에 달려가라

또 내가 잘못한 것은 남편이 차로 밖에서 대기하고 있을 때 30분 이상 기다리게 한 일이 많았다. 예전에 자동차가 한 대만 있었을 때다. 내가 야근하면 남편은 나를 데리러 내 직장에 온다. 늦은 시간에 택시 타는 걸 무서워했기에 남편은 나를 데리러 오곤 했었다. 그런데 나는 한 번도 제시간에 나간 적이 없었다. 나는 밤에 외부에서 전화도 오지 않고 말 거는 직원도 없어서 일에 푹 빠지곤 했다. 하루는 남편이 기다리다 지쳤는지 "몇 분까지 안 나오면 가버린다."고 두 번 독촉 전화를 하더니 정말 가버리고 없었다. 나는 그래도 반성하지 않고 "내가 일부러 늦은 것도 아니고 열심히 일하다가 늦은 것인데 그거 하나 못 기다리고 그냥 가버려? 정말 서럽네."라며 남편에게 씩씩거리며 화를 냈다.

나는 남편에게 내가 야근하는 걸 국가와 지역 사회를 위해 헌신하고 큰일하는 것처럼 정당화하곤 했었다. 시간 자체가 누구에게나 공평하고 소중하다고 여기는 남편에게 나는, 아무리 변명해봤자 시간개념 없는 여자일 뿐이다. 그냥 가족과 휴식을 잊은 일중독자였다. 맞는 말이다. 지금은 우리 집에서 나를 예전처럼 기다리는 가족이 없다. 아들도 나를 기다리지 않는다. 장남은 군에 가 있고 차남은 엄마가 차려주는 밥보다는 햄버거와 피자를 주문해서 먹기를 더 좋아한다. 필요한 대화는 카톡으로 하고 있어서 다들 불편해하지 않고 있다.

2020년 새해 새봄을 맞아 꽃들이 피고 있다. 거리는 새 학년을 맞은 학생들로 붐벼야 하는데 너무도 한산하다. 개학과 입학이 모두 연기되었다. 국가적으로나 개인적으로도 모두 코로나19 확산 방지를 위해 대외활동을 자제하고 있다. 한마디로 가정에서 두문불출하는 사람이 많아졌다. 생존을 위해 식량보다 마스크가 더 귀한 것이 돼버린 것을 보고 많은 사람들이 일상의 소중함을 느낀다고 한다. 공기와 물, 시간, 건강한 가족 등 어느 것 하나 귀하지 않은 것이 없게 되었다. 요즘 딱 하나 좋은 것이 있다면 전에 자주 보지 못했던 남편과 작은아들을 자주 볼 수 있게 되었다는 것이다.

나는 그간 남편과 아들에게 "바빠서 늦는다."는 말을 너무 많이 남발했다. 퇴근만 늦은 것이 아니라 멀리서 일을 마치고 돌아오는 가족 마중도 나는 늦게 나갔다. 가족의 소중함을 지금이라도 알았으니 가족과 약속한 시간 안에 달려가는 걸 의식적으로라도 노력해야겠다. 아무리 사소한 마중이라도 평소에 남편은 항상 30분 전에 와서 대기한다. 나는 마중 나온 남편을 보면 얼마나 기분이 좋은지 모른다. 내가 남편에게 소중한 사람이고 환영받는 사람 받는 사람이란 걸 느끼곤 했다. 나도 가족들에게 그런 사람이 되고 싶다. 작은 시간 약속이라도 꼭 지켜야겠다. 남편에게 진 시간빚을 청산하자!

07

나를 낮추고 배우자를 치켜세우라

* 올리브를 위한 뽀빠이의 운전봉사

내가 남편을 칭찬하고 자랑하는 수준이라면 남편은 나를 존재 이상으로 치켜세워주고 키워준다. 남편 사무실에서 화요일 저녁마다 카네키 클럽 회원 서너 명이 모여서 '씽크와이즈 마인드맵'을 공부하기로 했다고 한다. 사무실에 아주 큰 나무 화분이 있다. 그 나무는 내 직장에서 보내 주신 것으로 '탄생, 기적의 포도나무'라고 축복의 메시지가 적혀 있다. 나는 이 글귀가 너무 좋아서 남편에게 이 리본은 시간이 지나도 꼭 부착해 달라고 했다. 남편 사업이 잘 되기를 바라는 내가 서 있는 느낌으로 대해 달라고 했다.

한 회원이 나무 화분 리본을 봤는지 아내인 나에 대해서 물었다고 했다.

남편은 나를 'ㅇㅇㅇㅇ 본부장'이라고 소개했다고 한다. 나는 이 말을 남편으로부터 전해 듣고 얼굴이 화끈거렸다. 남편은 분명히 나를 자랑스러워하고 있었다. 한시적으로 파견 왔을망정 직제 상 본부장이란 직위를 가졌으니 나도 황송할 뿐이다. 나는 어려서 유교적인 색채가 강한 시골에서 자랐다. 그래서 남편보다 잘나 보이는 걸 원하지 않는다. 남편과 대외활동을 할 때도 나는 그의 집사람으로만 보이길 원한다. 그런데 남편은 꼭 나를 드러낸다. 어찌 보면 푼수다.

나는 반대로 남편을 대외적으로 이틀간 도청 운전직으로 만들어버린 적이 있었다. 꼭 10년 전 일이다. 당시 나는 국제협력과 국제행사팀에서 근무하고 있었다. 전북도는 외교부와 함께 새만금 방조제 준공기념식 때 주한 외교사절을 초청하여 새만금투자유치 홍보와 전북문화탐방을 지원하기로 했었다. 2월 마지막 주 금요일에 전화가 왔다. 외교부 고위공직자가 현지답사를 나온다며 현장안내를 요청했다. 우리 팀은 초비상이 되었다. 개인적인 일정은 모두 취소하기로 했지만 차량이 문제였다. 손님까지 총 4명이 탑승해야 했다. 하루 전에 관용차를 신청하여 지원받는 것은 어려웠다. 우리 팀 남자동료들은 사정이 있어서 운전을 못할 상황이었다. 유일하게 나만 중형 SUV 차량을 소지하고 있었다. 승차인원도 5인 이상 가능했다. 그런데 나는 손님을 태우고 이틀간 운전하기에는 실력도 체력도 안 되었다. 나는 남편에게 사정을 했다.

"자기야, 나 좀 도와줘. 알다시피 난 운전할 때 앞만 보고 달리지. 아주 중요한 행사를 앞두고 외교부 손님을 태우고 이틀간 새만금 주변 군산과 부안군 그리고 전주한옥마을을 답사하게 됐어."
"거참 이상하네. 자기가 주말에 출근하는 것도 속상한데 이틀씩이나 차량운전까지? 그리고 남편이 운전한다는 것도 이상하잖아? 주말에 애들은 어떡하고?"

나는 한참을 그 행사의 중요성과 내가 나설 수밖에 없는 상황을 설명했다. 아니 사정했다. 내가 국제협력과에 발령 받아서 처음으로 하는 외교사절 초청행사 준비였다. 또 전라북도로서는 새만금홍보와 개발이 아주 중요한 현안이었다. 대통령까지 오시는 행사로 새만금과 관련된 부서는 온통 초비상이었다. 결국 남편이 수락해주었다.

뽀빠이라는 만화영화가 떠올랐다. 올리브가 "도와줘요! 뽀빠이~ "하면 뽀빠이는 시금치를 먹고 초인적 힘을 발휘한다. 내가 올리브처럼 가날프지도 않고 매력적인 여친도 아닌데 남편은 한번 도와주기로 결정하면 정말 헌신적으로 도와준다. 남편으로선 아내 직장 상사와 중앙부처 손님까지 이틀간 차에 태워 공무수행을 지원한다는 것은 어찌 보면 자존심도 상하고 부담스런 일이었다. 내 남편이 도와주기로 했다고 말했더니 우리 팀은 미안해하면서도 안도했다. 그래도 외교부 공직자에게는 도청 운전직 직원이라고 말하자고 했다. 왜냐하면 공직자 남편까지 주말에 동원했다면 그것은 갑질이나 관폐로 보일 수 있기 때문이다.

나는 조수석에 앉아서 일정표대로 행선지를 안내했다. 여기저기 현장 관계자와 계속해서 통화를 했다. 문화해설사, 산업시찰지 후보군 관계자, 식당 관계자, 시군 문화관광과 공무원 등등. 외교부관계관과 도청 우리 팀은 가는 곳마다 행사프로그램이나 의전 내용 하나하나를 체크했다. 밥때가 되어 맛집을 찾아서 점심을 먹었다. 식당에서는 두 상을 차렸다. 메인 상에는 외교부와 도청 팀 세 분이 앉도록 했다. 나는 남편과 따로 식사를 했다. 나는 아무 말 없이 운전만 하는 남편에게 미안하고 안쓰러웠다. 주말에 나와서 일하시는 공무원에 대한 예의만 갖춰서 몇 마디 말을 주고받았다. 서로 경어를 써가면서.

토요일 일정을 마치고 다시 전주로 돌아왔다. 당일 일정을 모두 완벽하게 해내서 모두 만족스러웠다. 도청 팀장님은 저녁식사 후 일행에게 가게맥주 한잔하자고 했다. 남편과 나는 망설였다. 소통하는 시간이 필요했는데 남편만 돌려보내자니 입장이 난처해졌다. 나는 술을 못 마시고 남편은 즐겨 마신다. 이 정도 정보를 아는 팀장님이 술을 마시든 안 마시든 모두 함께 가자며 갑오징어를 파는 가게맥주로 갔다. 남편과 나는 음료수와 마른안주만 손댔다. 평소 사람 사귀기를 잘하시고 낙천적인 팀장님이 외교부 공무원에게 말했다.

"저 말할 게 있습니다."
"네, 하시죠."
"오늘 운전해주신 분은 우리 직원 남편분입니다."
"아, 그러시군요. 어쩐지 두 분이 다정한 것 같고 닮았어요."

이윽고 그 자리는 형님 동생 하는 자리가 되어버렸다. 남편도 편하게 마셨다. '이왕에 아내를 위해 헌신하기로 했으니 친해지자.'라고 마음을 먹은 것 같았다. 내 대신 술도 마셔주니 나는 더 좋았다. 나는 밤길 시내 운전만 잘하면 됐다.

일요일 아침에 다시 만나 콩나물해장국을 먹고 남은 일정도 잘 소화했다. 두 달 후 2010년 4월 27일 새만금 방조제 준공식은 성대하게 치러졌다. 러시아와 프랑스, 이집트 등 60여 개국 100여 명의 외교사절단이 1박 2일 동안 전주와 부안군 관광투어를 잘 마치고 갔다. 나는 처음 해본 국제행사로 보람을 느꼈다. 나는 현장답사를 동행하면서 항상 바람과 비 등 날씨까지 고려하는 만반의 준비를 해야 한다는 것을 몸소 배우게 됐다. 남편은 남편대로 지자체 공무원들이 지역 사회 발전을 위해서라면 밤낮 없이 주말도 없이 열심히 일한다는 것을 어느 정도 이해하게 되었다. 덤으로 남편과 나는 2일간 같이 살갑게 데이트를 할 수는 없었지만 전문가 해설이 있는 전북관광명소 투어를 했다. 전북문화의 아름다움을 새삼 느낄 수 있었다. 새만금을 방문할 때마다 남편과 일주를 했던 기억이 난다. 성대한 새만금 방조제 준공식에 숨은 공신 중의 한 명이 바로 남편이었음을 나는 인정한다.

✳ 저 마음이야 하고 믿어지는 그 사람

이후에도 남편은 가끔씩 내 직장사람들과 교류하는 기회를 가졌다. 지난해 가을에는 주말을 이용하여 김제지평선축제장을 같이 방문했다. 마침 남편 선배님이신 김제 부시장님을 만났다. 내 직장에서 김제시 청년창업지원을 잘하고 있음을 부각시켜주기도 했다. 나는 품앗이로 그다음 일요일에는 남편을 따라 카네기 클럽과 함께 완주와일드푸드축제에 참여하여 즐거운 시간을 가졌다.

올해로 내가 직장생활한 지가 29년차가 된다. 남편과 아이를 키우면서

21년을 보냈다. 내가 직장에서 쓰러지지 않고 자리를 잡을 수 있었던 것은 남편의 외조가 있었기 때문이다. 처음에는 남편과 육아가 내 직장생활의 걸림돌이라 생각했다. 그런데 그는 공직자인 처를 자랑스러워했다. 또 내가 승진할 때가 되면 자신의 승진보다 내 승진을 더 기다려줬고 낙방하면 언제나 나를 북돋아주는 사람이었다.

문득 내가 좋아하는 애송시가 떠오른다. 함석헌 선생님의 「그대 그 사람을 가졌는가」다. 남편은 온 세상이 나를 버려 마음이 외로울 때에도 '저 마음이야' 하고 믿어지는 그 사람이다. 또 잊지 못할 이 세상을 놓고 떠나려 할 때 '저 하나 있으니' 하며 방긋이 웃고 눈을 감을 그 사람이다.

이 시를 읽으면서 나는 '그 사람'을 가졌음을 가슴으로 느낀다. 남편이 남자로서 나름 자존심이 있고 어려움이 많았을 텐데도 항상 나의 어려움을 먼저 돌봐줬다. 그리고 어느새 남편은 내가 도와달라 하면 나를 외면하지 않을 것이라는 큰 믿음을 주었다. 나도 남편에게 '그 사람'이 되었는지 반성해본다. 나도 온 마음과 목숨을 다하여 남편을 살리고 후회 없이 눈을 감고 싶다.

08

행복은 역지사지로 완성된다

✳ 파트너를 위해 잡식이 되자

코끼리와 고래 부부의 이야기가 있다. 둘은 첫눈에 반해 결혼을 하게 되었지만 결국은 헤어지고 만다는 이야기다. 코끼리는 열심히 일해서 사랑하는 고래에게 맛있는 풀을 뜯어다 주었다. 고래도 싱싱한 생선을 잡아 코끼리에게 주었다. 둘은 괴롭고 힘들었지만 서로를 이해하고 감싸며 꾹꾹 참았다. 그런데 어느 날 참는 데 한계를 느낀 둘은 크게 다투었다. 결국 헤어지면서 끝까지 서로에게 이렇게 말했다.

"그래도 나는 너를 위해 지금껏 최선을 다했어."

또 사자와 토끼의 이루어질 수 없는 사랑 이야기가 있다. 둘만의 사랑을 실현시키기 위해 둘은 같이 살게 되었다. 사자는 토끼를 사랑하는 마음에 더 사냥에 힘을 기울여 신선한 피가 뚝뚝 떨어지는 사냥감을 가지고 돌아와 토끼에게 주었다. 토끼는 사자를 사랑하는 마음을 전달하기 위하여 멀리까지 가서 맛나고 희귀한 풀들을 매일매일 갖다 날랐다. 둘은 아무 말도 할 수 없었다.

이 두 이야기는 내가 가장 좋아하는 우화다. 우리 부부를 생각해본다. 남편은 나와 처음 먹게 된 점심식사부터 나에게 충격을 준 사람이다. 처음 간 식당은 전주 모악산 자락 슬레이트 지붕 아래 보리밥집이었다. 지금이야 별미고 건강식품이다. 그러나 21년 전에 처음 만난 남녀가 그 음식을 먹었다는 것은 정말 어떻게 해석해야 할까? 첫째, 남편이 공무원으로 발령난 지 일주일밖에 안돼서 식대가 넉넉지 않았다. 둘째, 된장국에 보리밥을 좋아할 정도로 소탈하다. 셋째, 남편이 나를 별로 마음에 안 들어 했다. 넷째, 드라이브하다가 밥때가 되어 눈에 띈 식당에 들어갔다. 왜 첫날 보리밥집을 갔냐고 묻고 싶으나 물을 수가 없다. 물으면 이렇게 말할 것이다.

"별걸 다 기억하네."

이 소리를 들을까 봐 묻지도 못한다. 결혼 초기엔 세 번째 이유인 '이 남자가 나에게 관심이 없어서'였다. 그런데 남편과 오래 살아보니 네 번째 이유인 '그냥 밥 때가 되어서 눈에 띈 식당에 들어갔다.'인 것 같았다. 사실 네 번째 이유는 우리가 결혼하게 된 결정적인 이유와 비슷하다. 서로 직장도 갖게 되었고 결혼 적령기였는데 우연히 가까운 곳에서 적당한 신랑 신부감이 있어서 어른들이 좋다고 하니 결혼한 것이다. 그러니까 둘은 동갑내기라는 것 말고는 서로에 대해서 전혀 몰랐다. 살아보니 남편이 좋아하는 음식은 보리밥에 된장국도 아니었다. 그는 삼겹살과 햄, 소시지, 중국요리 등 고단백 기름진 음식류를 좋아했다. 같은 시골 출신이라도 남편은 아들이라서 육류를 자주 섭취했던 것 같았다. 그런데 나는 딸로 태어나 육류고기를 거의 먹어본 적이 없었다. 생선이라고는 멸치도시락 반찬이 전부였다. 단백질로는 친정집이 구멍가게라서 팔다가 깨진 계란과 깨진 두부를 주로 먹었다. 이것이라도 먹었기에 내 키가 165센티미터가 된 것 같다.

결혼 후 나는 외식할 때 남편에게 솔직히 많이 양보했었다. 남편과 애들은 삼겹살을 굽거나 햄버거, 피자, 치킨을 시켜 먹는 걸 좋아했다. 나는 고급진 레스토랑이나 한정식 백반을 좋아했다. 집에서 해먹을 장을 볼 때도 이중으로 봐야 했다. 한마디로 내가 만든 요리는 나만 거의 먹게 되었다. 직장 다니며 혼자만 먹다 보니 남은 음식을 버릴 때가 많았다.

게다가 남편과 아들이 기름지고 고소한 인스턴트 음식을 좋아해서 한동안 우리 집은 개미와 전쟁을 치르곤 했었다.

그나마 남편과 내가 공통적으로 좋아하는 것은 김치수제비였다. 주말에 수제비를 하겠다면 남편은 직접 반죽도 해주고 끓는 물에 수제비를 떼어 넣기도 한다. 수제비에 들어가는 단백질은 멸치국물이 전부다. 그런데도 남편이 좋아하는 이유는 고등학교 때 다섯째 누나와 자취를 했는데 누나가 늘 끓여줬다고 한다. 내가 좋아하는 이유는 친정할머니가 쌀을 아끼기 위해 자주 죽과 수제비 그리고 국수를 준비했기 때문이다.

우화를 보면 코끼리와 고래, 사자와 토끼는 음식 때문에 헤어졌다. 우리 부부가 음식 때문에 크게 다투지 않았던 이유는 뭘까? 전적으로 내 식성이 어느 정도 변했기 때문이다. 직장을 다니면 회식을 할 때가 많다. 메뉴 선택권과 추천권이 주로 남자 상사에게 있었다. 당연히 남편이 좋아하는 육류나 회 종류였다. '안 먹으면 나만 손해다.'라는 것을 알게 되었다. 그래서 이것저것 많이는 안 먹어도 어느 정도는 잡식이 되었다. 회식자리에선 고기를 많이 먹기에 사람들을 대부분 밥을 생략하곤 한다. 그때마다 나는 느글거림이 싫어서 늦은 밤 집에 돌아와서 김치와 밥을 차려서 몇 그릇씩 먹을 때가 있다. 남편은 나를 한심하게 바라보면서 말한다.

"자기 정말 많이 먹는다."

부피로 어마어마한 양이니 남편은 나를 약간 놀리며 말하는 것이었다. 그런데 그는 세심하지 못하다. 평소 내가 감자탕 집을 갔을 때 고기 한 토막도 거의 못 먹는다는 걸 모른다. 내 몫의 고기토막을 남편과 애들이 먹을 때가 많았다. 아내가 밥과 김치를 많이 먹는 걸 보고서 많이 먹는다고 말하는 간 큰 남편을 나는 그냥 무시한다. 음식은 취향이므로 서로 존중해야 한다. 음식 가지고 얼굴 붉히며 싸우기는 싫어서 나는 그냥 내 식대로 먹는다.

* 50대, 서로의 건강을 챙길 때다

건강진단 결과를 보면 남편과 나는 좀 절충식이 필요하다. 나는 단백질이 부족하여 빈혈이 있고 남편은 고단백음식을 섭취하여 지방간이 있다. 서로의 지병을 알게 되었으니 서로가 좋아하는 음식보다는 서로에게 필요한 음식을 챙길 때가 되었다. 간호사인 언니에게 물으니 지방간은 영양분이 간에 너무 많이 들어간 것이니 술과 기름진 음식을 줄이라고 당부했다. 반면에 나에게는 수입산 소고기라도 자주 구워 먹거나 철분제를 섭취하라고 한다.

나는 잠들기 전에 파프리카나 사과를 깎아서 랩을 이용하여 식탁에 차려 놓는다. 그러면 남편이 새벽에 일어나서 기꺼이 다 먹어준다. 남편은 남편대로 사무실 주변에 있는 정육점에서 일주일에 두 번씩 육사시미를 사온다. 서로 상부상조하는 시스템이 되었다. 또한 남편의 권유로 나는 단백질과 철의 흡수에 필요한 비타민제를 생수에 타먹게 되었다. 내가 지병으로 한의원이나 일반병원을 가면 의사 선생님은 충분한 물 섭취를 꼭 권한다. 나는 사실 아주 오랫동안 물을 소량으로만 마셨었다. 남편이 운동하는 아들을 위해 처음 우리 집에 선보였던 멀티비타민제가 있었다. 이것은 꼭 생수에 타 마셔야했다. 아들이 안 마시게 되자 내가 한번 마셔봤다. 그런데 이 맛은 내가 어렸을 적 좋아했던 사과주스 맛이었다. 그래서 나는 매일매일 생수와 비타민제를 먹게 되었다.

"음식으로 못 고치는 병은 없다. 음식이 보약이다."라는 말이 있듯이 건강과 음식은 밀접한 관계에 있다. 특정 음식이 누군가에게는 약이 되고 또 한편으로 누군가에게는 해가 될 수 있다고 한다. 건강을 잃으면 모든 걸 잃게 된다. 이제 우리 부부는 50대이다. 서로의 건강을 챙길 나이가 되었다. 내 건강이 남편 건강이고 가족 건강이다. 또 남편 건강이 내 건강이고 가족 건강이다. 사실 부부가 행복하려면 각자의 건강부터 잘 챙기고 상대의 건강도 돌봐야 한다.

앞서 소개한 우화가 전하려는 메시지는 좋아하는 음식이 달라 불행하게 헤어졌다는 것이 전부는 아니다. 자기 입장에서의 최선이 때론 상대에겐 최악이 될 수도 있다는 사실을 간과해서는 안 된다는 뜻이다. 지금 나의 최선이 어쩌면 나 위주의 최선은 아닌지, 혹시 배우자에게는 최악이 될 수도 있다는 것을 생각해볼 일이다. 사랑과 행복은 '나' 아닌 '너'의 눈으로 바라볼 때 더 따뜻하고 깊어진다고 한다. '역지사지(易地思之)'하며 서로 나누고 배려할 때 우리가 함께 사는 세상은 아름답고 행복해질 것이다. 우리 부부도 처음엔 쉽지 않았지만 세월이 흐르면서 역지사지 과정을 조금씩 거치다 보니 어느새 행복한 부부가 되었다는 걸 실감한다. 행복은 혼자서 만드는 게 아니라 더불어 이루는 것이다. 상대방을 행복하게 하는 것이 바로 자신의 행복이다.

명작 속의 완벽한 연인들

에릭 시걸 소설, 『러브스토리』

올리버 (남편) : 제니, 미안해.

제니 (아내) : 그만해. 사랑하는 사람 사이엔 미안하다는 말은 하지 않는 거야.

09

배우자의 과거에 얽매이지 마라

✳ 과거 남녀는 우리 부부에게 고마운 사람

1980년대 10대 초반 소녀 시절에 나스타샤 킨스키가 열연한 〈테스〉란 영화가 나왔다. 그 영화는 여선생님들과 감수성이 예민한 여중생들의 마음을 완전히 사로잡아버렸다.

토마스 하디의 소설 『테스』 원작에 충실한 영화다. 문학적인 면과 악마와 천사가 공존하는 명작이다. 성인이 되어 다시 한 번 봤다. 지금도 나에게는 너무나도 아름답고 슬픈 소설이고 영화였다. 부자집 아들 바람둥이 알렉도 밉고 천사 같은 목사의 아들 에인젤도 야속하다. 에인젤은 테스를 사랑해서 결혼했지만 첫날밤 테스의 과거 고백에 먼 나라로 떠난다. 생활고에 지친 테스는 알렉의 유혹에 어쩔 수 없이 정부가 된다. 에인젤이 후회와 고민 끝에 다시 돌아온다. 결국 테스는 알렉을 살인하고 형장의 이슬로 사라진다.

나는 이 스토리를 대하면 나도 모르게 남자에 의해 좌지우지되는 여자로서의 슬픈 운명이 전염되어 우울해진다. 이내 곧 정신을 차린다. 사회적 관습과 편견을 극복하고 당당한 인간으로 살겠다는 결연한 의지가 솟아난다. 많은 사람도 나와 같이 느끼는지 영화 후기를 보면 두 가지 평으로 나뉜다. 첫째는 '여자는 절대로 결혼할 남자에게 첫사랑을 고백하지 않아야 한다. 여자의 과거에 초연한 남자가 없다.'이고 둘째는 '이기적이고 어리석은 남자들 때문에 비참하고 불행한 삶을 살다간 테스와 같은 여인이 되지 않겠다.'다.

나는 서른한 살에 결혼을 했다. 나는 국어국문학과에 입학하던 해 1987년부터 지금까지 30년이 넘게 일기를 써왔다. 그런데 1999년 3월에 결혼하면서 12년 동안 써왔던 20대 일기장을 친정엄마에게 모조리 태워달라고 넘겨드렸다. 왜 태웠을까? 이유는 결혼했으니 과거의 남학생들이나 남자들을 조금이라도 기억하지 않고 남편과 행복하게 살기 위해서다.

20대 초반에 종합대학을 다녔고, 20대 중반에 직장생활을 하였으니 많은 남학생과 남성을 만난 것은 자연스런 일이다. 그들은 모두 내가 여자로서나 인간으로서 성숙할 수 있도록 도와준 고마운 사람들이다. 한때는 엇갈린 짝사랑으로 마음 아팠었다. 또 누군가의 마음을 몰라주어 누군가의 아픔도 되었던 것 같았다. 그래도 결론은 하나다. 지금의 남편을 만날 수 있도록 자의든 타의든 내 곁을 떠나준 고마운 사람이라고 퉁친다. 내가 이렇게 과거의 남자들을 생각하지 않는 만큼 나도 남편의 여자들이 궁금하지 않다. 나보다 더 깔끔하고 순수했을 것이란 믿음이 사실 더 크다. 남편을 무시한 발언이라고 서운해할 수도 있겠다.

최근에 남편의 〈포도나무법무사TV〉 유튜브 방송 애청자로서 나는 유튜브에 자주 접속한다. 남편 영상을 주로 보는데 한 번씩 다른 유튜브를 시청한다. 그런데 깜짝 놀랐다. 연애와 결혼을 주제로 한 방송들이 참 많았다. 5분에서 15분 가량의 영상이 대부분이다. 유튜버로는 이미 작가로서나 강연가로 대성공한 고수급도 있었고, 심지어 결혼한 경험이 없는 스님과 처녀 총각, 연예인 그리고 평범한 일상 시민도 있었다. 모두다 각자의 소신을 갖고 열강을 하고 있었다. 내가 시청해보니 고수들의 강의는 남녀 관계 갈등을 포용하는 원숙한 인간애가 느껴졌다. 젊은 층의 방송은 개성이 있었고 자기주장이 확실히 보였다. 결론은 거의 다 행복한 결혼을 위한 따뜻하면서도 분별력 있는 조언이었다. 호기심에 '배우자(애인)의 과거'를 키워드로 조회해봤다. 한 방송이 오래도록 기억에 남아 간략하게 옮겨본다.

쎈마이웨이의 '사랑하는 여자친구의 과거가 안 잊혀져요'의 남자 사연이다. 지금 사귀고 있는 여친이 너무 좋은데, 과거에 노래방 도우미였고 사귀는 중에도 가끔 그 일을 했다고 한다. 도우미 자체가 불법 직업이긴 하지만 현실에서는 있을 수 있는 일이다. 여자도 과거에 대해서 사과를 했다고 한다. 남자는 그녀의 과거 때문에 화가 나는 게 아니라 용서했어도 앞으로도 그녀의 과거가 자꾸 생각날까 봐 고민이 된다고 했다. 사연을 들어보니 남자는 그녀에 대한 사랑이 있고 '괜찮아요, 만나요.'라는 자문을 구하는 것 같았다. 상담자인 김이나 작사가는 다음과 같이 조언을 해줬다.

"갈등을 겪는 것은 당연하다. 여기저기 자문을 구하면 찬반이 반반일 게다. 통계적으로 답은 있어도 모두 각자만의 답이다. 그러므로 시뮬레이션을 해보고 여친에게 진지하게 대화할 것을 권한다. '너와 정말 먼 곳을 바라보고 가고 싶기 때문에 이 문제 하나가 계속 운동화 속에 있는 자갈로 걸리적거린다. 빼고 다시는 문제 삼지 않겠다.'고."

나는 김이나 작사가의 조언이 아주 흡족하게 마음에 든다. 물론 이는 지극히 이성적인 답변이다. 과거 기억은 운동화 속의 자갈이 아니다. 사람의 감정이기에 잊는다고 용서한다고 쉽게 사라지는 것은 아니다. 그러므로 이것은 어디까지나 남자의 의지에 달려 있다고 본다.

나는 사연 속의 남자가 〈테스〉에 나오는 에인젤처럼 그녀 곁을 떠나질 않길 바란다. 에인젤은 테스로부터 과거를 고백 받고 이렇게 말했다.

"내가 사랑한 것은 당신과 똑같은 얼굴을 한 다른 여자였어!"

남자들은 누구나 자신이 사랑하는 여자에게 첫 남자이기를 바란다고 한다. '처음'이라는 순결한 순수한 이미지만을 집착하는 어리석은 남자는 남편감으로나 연인감으로 당연히 'NO'다.

* 서로를 안아주고 보듬는 마음

내가 좋아하는 애송시 정현종 시인의 「방문객」이 있다.

사람이 온다는 건

실은 어마어마한 일이다

그는

그의 과거와

현재와

그리고

그의 미래와 함께 오기 때문이다

한 사람의 일생이 오기 때문이다

(생략)

나는 남녀가 서로 사랑한다는 것은 '부서지기 쉬운 그래서 부서지기도 했을 마음'까지 더듬고 보듬는 것이라고 본다. 마치 바람처럼 한 사람의 과거를 책갈피처럼 넘겨서 읽었을지라도 보듬는 마음을 권하고 싶다. 외롭거나 서럽게 살아왔을 지난 세월을 알았다면 서로 안아주고 보듬는 마음을 갖는 게 인지상정 아닐까?

남편과 나는 서로 결혼 전 과거를 아예 묻지도 더듬어보지도 않는다. 같은 생활권에서 같은 시대를 살았기에 처음 만났어도 서로에 대한 호기심이 별로 없었기 때문이다. 결혼하기 전 서로 각자의 삶은 딱 30년이었다. 이후 결혼생활 21년 동안 태어난 두 아들의 성품과 성향을 알아가고 미래의 진로를 잡는 데도 너무 바빴다. 과거를 돌아본다는 것은 둘 중 하나가 심신이 아프다는 것이다. 우리 부부는 현재 둘 다 심신이 건강하다. 두 아들과 우리 부부의 미래가 어디까지 발전적으로 성장할 것인지가 최대 관심사다.

앞으로 30년 40년까지 더 살게 된다면 지금의 남편이 먼 훗날 미래에도 내 남자이고, 나도 남편에게 같은 여자이고 싶다. 마지막까지 함께하기를 기도한다.

명작 속의 완벽한 연인들

마이클 호프만 감독 영화, 〈톨스토이의 마지막 인생〉

세속적인 삶을 멀리하고 말년을 평화롭고 고독하게 보내고 싶소. 당신이 내게 한 일들을 내가 진심으로 용서한 것처럼 부디 그간 내가 당신에게 잘못한 일들을 용서해 주기 바라오.

－ 톨스토이가 소피아에게 남긴 편지

나이 들수록 배우자 외모를 칭찬하라

✱ 강 장관님처럼 은발로? 아니 난 염색할거야

아무리 나이는 숫자에 불과하다지만 50대가 되면 외모에서 경쟁력을 잃게 된다. 흰머리가 나고 눈 밑에 주름이 지기 시작한다. 눈가의 주름은 티가 덜나지만 머리가 차지하는 비중은 피부보다 더 크다. 특히 남자의 외모는 머리가 80%를 차지한다고 한다. 그래서 동네에 미용실이 슈퍼나 편의점보다 더 많은 것 같다.

나는 40대 초반부터 흰머리가 심하게 나서 흑갈색으로 염색하기 시작했다. 염색하면 두피도 아프고 눈도 따끔거릴 때가 많다. 지금은 염색 후 바로 두피케어를 겸하여 고통이 좀 덜하다. 강경화 외교부 장관이 은발의 단발머리로 TV에 자주 노출되면서부터 여성도 흰머리로 멋지게 사회생활하는 롤모델이 되었다. 강장관은 "본 모습을 뭔가로 가리고 싶지 않다는 생각이 들었다."며 2008년부터 염색을 안 했다. "제네바는 다양한 인종에 머리 색깔이 천차만별이라 내 반백 머리에 아무도 개의치 않는다."고 말했다.

그녀의 소신발언을 지지하면서도 나는 염색을 25일 주기로 하고 있다. 나는 세계적인 여성리더가 아니고 평범한 지방직 공무원이라서 배포가 없어서일까? 아니다. 내 스스로도 흰머리를 보면 늙었다는 것이 드러나 싫었다. 때로는 그나마 남아 있는 검은 머리가 보여 오히려 단정하지 못한 모습으로 보였다. 그래서 나는 염색을 고수하기로 했다.

염색한 지 3주가 되면 약 1센티미터 흰머리가 자라는데 거울을 보기가 민망할 정도다. 정말 검은머리에 흰 파뿌리가 자라나는 것처럼 너무나도 흑백이 대조된다. 염색을 안 하고는 못 버틴다. 거울이 없었다면 아마 나도 흰머리를 유지할 수 있었을 게다.

정말 다행스럽게도 남편은 아직 염색을 안 해도 될 만큼 흰머리가 드물게 난 편이다. 남편은 신혼 초에 자신의 머리에 불만이 많았다. "머리

둘레는 크고 머리카락이 두껍고 반 곱슬이라 돼지털 같다.", 뒷머리가 길어지면 "제비꼬리 뒷통수에 생겼지?" 하며 미용실에 가곤했다. 그러던 머리가 40대가 되더니 머리카락이 얇아지면서 곱슬머리가 자연스럽게 파마한 것처럼 웨이브가 만들어졌다. 남편은 흑발과 피부색은 아버님을 닮았고 키와 이복구비는 어머님을 닮았다. 그래서 무슨 옷을 입어도 잘 어울렸다. 딱 하나 다리가 길고 가는 반면에 배가 나와서 바지 입을 때만 신경 쓰면 완벽한 외모다.

그 다음 남편이 가진 콤플렉스는 건성피부로 햇볕에 잘 탄다는 점이다. 그런데 남편은 본인 단점을 10년 전부터 꾸준히 잘 관리했다. 남편 동생, 즉 애들 삼촌이 국내 굴지의 A화장품 회사를 다닌 덕분이다. 게다가 남편 친구 누님이 한때 MK 미제화장품을 판매하고 있었다. 지금은 군에 간 아들이 아빠가 쓸 양질의 화장품을 저렴하게 선물하고 있다. 이래저래 남편은 50대 초반이 되었어도 부드러운 흑발의 반 곱슬머리에 관리된 하얀 피부의 얼굴을 하고 있어서 나는 대만족이다. 남편 본인도 만족하고 있다.

이제 딱 한 가지 아쉬운 점은 아직도 비염으로 코를 킁킁거리거나 콧소리를 낸다는 것이다. 한때는 비염을 잡고자 암웨이 영양제도 한참을 먹었고 소금물로 코를 자주 세척하기도 했다. 그런데 꾸준함이 부족하여 아직 고치질 못 하고 있다. 코에 피가 자주 뭉치기기에 코딱지를 자주 후벼 파곤 했다. 나는 맨손가락으로 파면 염증 생기고 비위생적이라며 항상 손수건을 챙겨준다. 그런데 아직도 맨손가락이 먼저 코에 간다. 요즘은 유튜브 홍보영상을 찍곤 하는데 편집할 때 코에 손 가는 부분 자르는 것이 일이 되었다. 언젠가는 극복하리고 본다.

그의 목소리는 내가 제일 아쉬워하는 부분이다. 그러나 이것도 남편의 합창단 활동으로 극복이 되었다. 또 남편은 그 목소리로 남을 험담하거나 욕한 적이 한 번도 없어서 내가 존경할 정도다. 목소리가 별로인데도 유튜브 방송이나 오프라인 특강도 점차 인기를 얻고 있다. 아나운서처럼 말을 잘해서가 아니다. 매끄러운 발음이나 표준말이 아니더라도 그가 전하려는 주제에 대하여 일단 2~3주간 충분히 공부하여 정리를 잘했기 때문이다. 거의 외우다시피하여 보고 읽지 않는다. 청중에게 눈을 맞추고 강약을 조절하며 편안하게 강의를 하는 편이다. 열정과 진솔함이 있으면 청중들은 목소리를 듣는 게 아니라 전하려는 내용에 집중하기 마련이다.

＊교양 있고 사랑스런 오드리가 될 거야

남편은 나의 외모에 칭찬이 없다. "크게 웃지 마라. 옥수수 다 보인다." 또 "당신 손발이 나보다 더 크다."고 놀린다. 맞는 말이라서 나는 참는다.

나도 품위 유지를 위해 노력중이다. 항상 거울을 가지고 다니고 있다. 손톱은 늘 자주 깎아 깨끗하게 유지하고 있다. 여름에는 손톱에 봉숭아물을 들이며 나름 가꾼다. 큰 발이기에 편하면서도 예쁘게 보이게 하려고 신발가게를 수시로 들락거린다. 우리 집 신발장은 거의 내 신발로 가득하다. 다른 가족에게 미안할 정도다. 비용도 만만치 않게 들었다. 내가 신발을 사게 되면 "또 신발 샀어?"라는 말을 자주 듣는다. 어느 날부터는 남편 몰래 신발을 보관하기도 한다. 그러던 남편이 1년 전부터는 나를 신발가게로 인도했다. 남편의 대학원 동기가 전주 L백화점에 '언니구두'를 오픈한 것이다. 개업하는 날 나는 실내용 블로퍼를 샀다. 가격도 저렴하고 앞도 평평하고 뒤는 터 있어서 실내용으로는 딱이었다. 장식과 디자인이 예뻐서 발이 커보이지도 않았다. 새 봄이 되자 나는 베이지색 신발이 필요했다. 신종코로나 감염 우려로 백화점을 가지 않은 지도 오래되었다. 나는 쇼핑몰에 가입했다. 나는 자랑스럽게 남편에게 신발을 주문했다고 말했다.

"언니구두 쇼핑몰에 가입했어. 정말 가격도 착하고 신발들이 너무 예쁘게 홍보되어 있어서 다 사고 싶더라."

"나도 둘러봤는데 정말 세련되게 홈피를 잘 운영하고 있어. 나도 그 홈페이지 제작사를 소개받아서 우리 포도나무 법무사를 잘 홍보하려구해."

정말 남편은 철저한 사업가로 변신하고 있었다. 남편은 예전부터 누군가가 사업으로 승승장구하고 있다면 꼭 그 현장에 나를 데리고 갔다. 그덕을 내가 본 경우가 많았다. '제이에스티나'라는 패션브랜드에 투자했을 때는 내게 목걸이, 반지, 가방을 많이 선물했었다. 계속해서 남편의 주변에 패션사업에 성공한 사람들이 많았으면 좋겠다. 한마디로 나에게는 일거양득이니까.

한편 나는 호흡기계는 건강해서 비염도 없고 콧소리도 없다. 아이들이 나를 닮아서 비염도 없고 콧소리도 안 나니 다행이다. 그런데 내 입에서 나오는 목소리 때문에 남편에게 지적받은 적이 있었다. 내가 성격이 까칠한 큰아들에게 "이놈의 새끼가", "이놈의 자식이" 하며 험한 말을 했기 때문이다. 나는 '이놈 저놈'이란 말을 어려서부터 많이 들은 시골 출신이라 정말 자연스럽게 욕이 아닌 것처럼 사용하는 말버릇이 있었다. 아들 둘을 키우면 엄마가 깡패가 된다고 합리화했다. 하지만 남편은 아이들에게 험하거나 부정적인 말을 하지 못하도록 나에게 주의를 몇 차례 주었다. 덕분에 이제는 아이들에게 이놈 저놈이란 말을 절대 하지 않게 되었다. 그런데 여전히 운전 중에 끼어드는 차에 대해서는 '이 새끼가 정말'이란 말을 내뱉는다. 안전한 걸로 감사하고 삼가겠다. 남편의 지적이 옳다. 아름다운 외모와 아름다운 얼굴을 갖추고 있어도 언어 예절이 예쁘지 않다면 천박할 뿐이다.

오드리 햅번이 주연한 영화 〈마이 페어 레이디〉가 있다. 빈민가 출신 꽃 파는 아가씨 일라이자 두리틀이 언어학 교수를 만나 교양 있고 사랑스런 숙녀로 변하는 이야기다. 나와 남편은 20년이 넘는 결혼생활을 하는 동안 서로의 외모와 교양에 어느 정도 기여했다고 본다. 나는 남편의 외모와 태도에 대해서 과감하게 평하고 코디했다. 남편은 그것을 아내의 잔소리라고 무시하지 않았다. 어떻게든 고치려고 했다. 그래서 나는 피그말리온 조각가가 된 것처럼 남편의 외모와 내면까지 만족하고 무지무지 사랑하게 되었다. 그럼에도 불구하고 남편은 나에게 여전히 칭찬이 인색하다. 딱 하나 내 마음에 꽂히는 말이 있다. 내가 지나가다 예쁜 여자가 있으면 내가 먼저 "저 여자 참 예쁘다." 말한다. 그러면 남편은 말한다.

"뭐가 예뻐? 당신은 여자 보는 눈이 참 없어."

이 소리가 '내게는 당신이 마이 페어 레이디야.'로 들리기 시작했다.

5 장

이유 없이
행복한 부부는 없다

이유 없이 행복한 부부는 없다

* 서로 길들여지다

"네가 나를 길들이고 내가 너를 길들이면 우린 서로 떨어질 수 없게 돼. 넌 나에게 세상에서 단 하나뿐인 사람이 되고, 난 너에게 둘도 없는 친구 될 테니까."

생텍쥐페리의 동화『어린왕자』에 나오는 여우의 명대사다. 동화인데 내 가슴을 울린다.

남편은 약 52년 전 시댁에서 어린왕자로 태어난 사람이다. 시부모님과 다섯 분의 시누님들은 30년 동안 그를 귀공자로 잘 키워주셨다. 첫 선보는 날 그는 내게도 한눈에 귀공자로 보였다. 남아선호사상이 가득한 친정에서 둘째딸로 태어난 나는 우아한 공주가 아니었다. 어찌 보면 나는 남편에게 투정만 부리는 가시 돋친 장미였고 서로 길들여지길 간절히 원하는 여우였다.

결혼해서 처음 10년 동안 직장과 육아를 병행하면서 우리는 정말 많이 싸웠다. 이후 10년차부터는 아이들 진로를 잡느라 정신없이 살아왔다. 20년이 넘게 되니 이제는 상대를 지적하기보다는 상대가 좋아하는 언행을 먼저 하는 것이 생활화된 걸 보고 깜짝 놀랐다. 서로 믿고 의지한다는 확신을 갖게 되니 싸울 일이 거의 줄었다. 물론 견해 차이나 우선순위가 달라 여전히 사소한 일로 충돌하거나 서운할 때가 있다. 그러나 불편한 마음은 오래가지 않는다. 역지사지하며 둘 중 하나가 먼저 상대에게 맞춰주고 그에 따른 미안하거나 고마워하는 마음을 주고받는다.

최근 열흘간 내가 직장 일만 열심히 하는 걸 보고 남편이 한두 차례 불만이 있었다. 직장에서 전년도 사업결산과 신년도 사업계획 승인을 받는 이사회가 있었다. 도청과 도의회, 중기부를 오가며 사업비를 증액시키고 인건비를 안정적으로 확보하는 데 주력하게 되었다. 이어서 바로 워크숍을 갖게 되었다. 매번 행사 전후로 준비 상황 체크와 뒤풀이 겸 직장 사

람들과 어울리다 보니 퇴근이 늦었다. 일요일도 한 번씩 출근했다. 고3
인 아들은 매일같이 라면, 햄버거, 피자로 식사를 해결하고 있었다. 남편
이 말했다.

"거문고 들고 서울로 레슨 받기 위해 왔다 갔다 하려면 체력보충을 해
야 하는데."

"내가 정육점에 전화해둘게. 자기가 서울 가기 하루 전날 육사시미 좀
사오세요."

남편이 원하는 것은 따뜻한 밥과 국을 차려주라는 뜻이었다. 나는 나
대로 아이 음식보다는 '악기 구매, 레슨비와 연습실 비용을 마련하는 데
더 신경을 쓰고 있다.'고 말하려다 꿀꺽했다. 나는 퇴근 후에도 밤늦게 아
들 옷을 세탁하여 방에다 말리는 등 서울에 입고 갈 옷을 준비한다. 마스
크도 미리 챙기고 나름 아들에게 틈틈이 신경 쓰고 있었다.

어느 주말 아침, 세탁을 마치고 베란다에 있는 건조대에 갔다. 늘 하던
대로 나는 다 마른 빨래를 걷어서 거실 소파에 수북이 쌓아놓았다. 빨래
를 걷으면서 나는 속으로 '어제 아침 빨래를 널어준 남편이 탈탈 털어서
바르게 모양을 잡아야 하는데 쭈글쭈글 이 모양이 뭐야.' 했다. 남편은 남
편대로 소파에 놓인 건조된 세탁물을 보며 말했다.

"자기는 빨래를 걸었으면 개고 뒷정리를 해야지. (맨날 소파에 올려놓더라.)"

뒷말을 더 하려다가 남편도 나도 멈추었다. 남편이 TV 뉴스를 보며 빨래를 개기 시작했다. 나는 모처럼 집에 함께 있는 주말 아침 가사로 부딪힐까 봐 몇 권의 책을 들고 동네 커피숍에 나왔다. 남편은 사무실에 가서 유튜브 방송을 찍겠다고 했다. 나는 "오후에 영화라도 같이 볼까?" 했는데 요새 코로나19로 극장에 안 가는 추세라 서로 포기했다. 예전엔 남편과 같이 있는 시간이 좋아서 천변도 걷고 차도 마셨는데 그 주일엔 좀 부딪히는 일이 많아 미안해졌다.

커피숍에 와서 바로 책을 보지 않고 남편이 운영 중인 포도나무 법무사 카페 게시물에 댓글을 달기 시작했다.

"화창한 봄날입니다. 일 년 농사 준비하는 시기죠. 주말에도 사무실 나가서 열심히 재미있게 일하시는 모습이 좋습니다. 올 연말에 포도나무 뿌리가 얼마나 깊게 멀리 뻗어 나갔는지, 달콤한 포도가 얼마나 맺혔는지 피드백 하는 시간 가져봅시다."

잠시 후 전화가 왔다. 남편은 자신이 하는 일에 내가 지지와 칭찬을 해주면 금세 기분이 업 되고 좋아지는 사람이었다.

"아들 마중은 내가 나갈게. 어서 책 보세요."
"서방님 사랑합니다. 친구 같은 아빠입니다."
"어먼(엉뚱한) 소리하고 있네요."

남편은 내가 책 보는 걸 좋아하고, 책에 빠지다 보면 평소에 버스터미널에 마중 나가는 시간을 자주 지각하는 줄 알고 자신이 가겠다고 선뜻 말한 것이다. 참 고마운 사람이다. 얼마 전 남편의 시간을 존중하겠다고 다짐한 적이 있었다. 그런데 여전히 남편의 시간을 내 마음대로 나를 위해서만 써달라고 종용할 때가 많다. 그러고선 남편이 나를 필요로 할 때 내가 내일에 푹 빠져서 소홀히 하곤 한다. 이 얼마나 이기적인 내 모습인가?

＊ 약간은 친밀한 거리두기

"가까울수록 예의를 지켜라."라는 말이 있다. 내가 명심해야 할 말이다. 남편은 내가 필요로 할 때 될 수 있는 대로 힘닿은 데까지 나를 돕는다. 그러나 내가 매사에 남편에게 지나치게 집착하거나 의지하는 걸 아주 싫어한다. 그 선을 내가 잘 지킨다면 우리는 오래도록 행복하게 좋은 친구처럼 잘 살 수 있을 거란 생각을 해본다.

요즘 코로나19 전염병 확산 방지를 위해 유행하는 말이 있다. '사회적 거리두기'다. 나는 남편과 내가 어린왕자와 여우처럼 길들여지고 서로에게 '단 하나'이길 오래도록 바랐었다. 그런데 남편은 내가 '단 하나'가 아닌 늘 말이 통하는 친밀한 친구이길 바란 것 같다. 친밀하되 각자의 독립적인 세계를 바라는 거리를 원했다. 사실 남편에게 부부는 일심동체라고 강요할 수 없다. 나부터도 숨이 막혀 죽을 수도 있다.

미국의 문화인류학자 에드워드 홀에 따르면 인간관계 거리의 유형은 네 가지다. 사람은 대략 45센티미터까지를 친밀한 거리, 45센티미터에서 120센티미터 사이를 개인적 거리, 120센티미터에서 300센티미터를 사회적 거리, 그리고 300센티미터 이상을 공공의 거리로 인식한다고 한다.

여기서 친밀한 거리는 가족이나 연인 사이의 거리다. 즉 우리는 이 안에서 껴안고 접촉하고 귓속말을 할 수 있다. 이 친밀한 거리는 상대방에 대한 신체적·정서적 정보를 확연하게 느낄 수 있는 거리다.

나와 남편은 이 친밀한 거리에서 21년을 살아왔다. 서로가 무엇을 좋아하고 싫어하는지를 너무 잘 알고 있다. 하늘이 허락한다면 향후 40년을 더 같이 할 수 있다. 남편과 내가 크게 다투지 않고 지금껏 행복하게 살아온 이유는 뭘까 생각해본다.

첫째, 서로 상대방의 부족한 점을 많이 감싸주되 일방적으로 상대의 희생을 당연시하거나 강요하지 않는다.

둘째, 자녀 교육이나 집안 대소사에 서로 많이 의논하고 큰 틀에서 합의를 구한다. 서로 다른 의견은 무시하기보다는 얼마든지 대안으로 활용한다.

셋째, 각자가 잘하고 좋아하는 일을 존중해준다. 그리고 작은 성과에도 자주 칭찬해준다.

넷째, 각자의 일터가 다른 만큼 경제적으로 어느 정도 독립을 유지한다. 합쳐서 한쪽에 너무 부담을 주거나 한쪽이 방관하는 일이 없기 위해서다.

다섯째, 일심동체는 아니지만 늘 친밀한 거리를 유지한다. 각방을 쓰지 않고 서로의 심신을 잘 보살피고 있다.

결론적으로 남편과 나는 각자의 성향과 성품을 서로 존중하고 공유하면서도 서로에게 집착하지 않는 친밀한 거리두기를 잘한 셈이다. 그래도 내 속마음은 숨이 막힐지라도 같이 있고 싶다.

02

왜 우리는 지금도 서로에게 끌리는 걸까?

* 남편이 친정아버지와 닮았다

독일의 심리학자 디트마르 슈티머링에 따르면 자신이 선택한 파트너는 어머니와 아버지 중 자신이 좀 더 중요하게 생각하는 쪽과 닮은꼴이라고 한다. 나는 이 이론을 적극 지지한다. 내가 그 실례이다. 나는 어른들이 신랑감으로 정해준 남편을 처음 본 순간 호감보다는 강한 운명 같은 것을 느꼈다. 즉 이 사람과의 관계가 뜨겁지는 않지만 오랫동안 유지되리라는 숙명 말이다. 결혼 전에 남편과 몇 차례 데이트를 했는데 서로 무미건조해서 결혼에 대한 환상은 서로 없었다. 남편은 감언이설을 전혀 못 하고 점잖기만 했다. 마치 아버지처럼.

선본 지 한 달 반 만에 서로 잘 알지도 못하고 결혼했다. 양가 어른들이 우리들의 궁합이 너무 좋다고 말해서 세뇌가 되었나 보다. 남편과 나는 자연스럽게 파트너로서 상호발전하면서 안정적인 삶을 살게 되었다.

나는 어려서부터 아버지를 좋아하고 존경했다. 할아버지가 돌아가신 후 언니와 나는 해마다 번갈아가면서 홀로된 할머니와 함께 살았다. 할머니는 빚만 남겨놓고 세상을 떠난 할아버지를 평생 원망하시며 살았다. 반면에 그 빚을 다 갚아가며 할머니께 효도하는 아버지를 늘 칭찬하셨다. 나도 자연스럽게 아버지를 존경하고 따르게 되었다. 어렸을 적에 나는 아버지가 인품만 좋은 줄 알았지 미남인 줄 몰랐었다. 그런데 초등학교 5학년 때 어른들 이야기를 엿듣다가 깜짝 놀랐다.

삼촌의 결혼식장에서 아버지가 돌아가신 할아버지 대신 혼주로 가슴에 꽃을 꽂고 손님을 맞이했다. 작은어머니 사돈댁 손님들이 모두 아버지를 보고 "신랑 잘생겼다."고 칭찬을 했다고 한다. 철부지였던 나는 어른들이 이해가 안 되었다. 아버지는 결혼한 지가 오래 되었고 자녀를 다섯이나 둔 마흔 살의 아저씨인데 어른들이 정말 이상하다고 생각했다. 그런데 내가 두 달 전 남편 개업식 때 남자가 중년이 되었어도 분장을 하면 젊어 보인다는 것을 알게 되었다. 남편은 개업식 날 양복을 입고서 미용실에 들러 드라이와 메이크업을 하고 왔다. 나는 너무 놀랐다. 21년 전

서른한 살 때 결혼식장에서 본 새신랑 얼굴이 그대로 보였다. 내 여동생도 그리 보였다고 한다. 아버지와 남편의 공통점은 지금도 검은머리고 얼굴이 둥글 넙적하여 미남형이다. 결혼 후 나는 아버지와 내 남편이 외모뿐만 아니라 성품도 많이 닮았다는 걸 자주 느꼈다. 한마디로 두 사람이 처자식에게 엄청 자상하다. 낯간지럽게 '사랑한다. 좋아한다.'는 말은 안 하는데 아껴주고 위해주는 마음은 정말 똑같았다. 아버지는 내가 어렸을 적에 아파서 밥을 못 먹게 되면 복숭아 통조림 캔을 따서 먹여줬다. 달고 부드러운 황도와 백도 맛이 아버지의 사랑처럼 부드럽게 느껴졌었다. 또 한밤중에라도 아버지는 자전거를 타시고 약국 문을 두드려 약을 져오셨다. 여름에 이불을 차내고 자면 아버지는 수건이라도 챙겨서 배를 꼭 덮어주셨다.

나는 아버지를 실망 시켜드리지 않기 위해 열심히 공부했다. 공직자의 길을 선택한 것도 남편과 결혼한 것도 효도하기 위해서였다. 아버지는 믿음직스러워 보이는 사위에게 나를 시집보냈으니 나를 챙기지 않아도 되는데 지금도 물질적으로나 심적으로 엄청 챙기신다. 이사를 할 때마다 일백만 원을 꼭 챙겨주셨다. 또 얼마나 극진하신지 내가 여성병원에서 수술했는데도 깨어날 때까지 아버지와 남편이 함께 있었다. 그때도 일백만 원을 주었고 남편 개업식 때도 일백만 원을 주셨다. 일백만 원은 지금도 큰돈인데 항상 아버지는 아버지의 사랑을 일백만 원으로 표현했다.

아버지는 어머니에 대한 자상스러움도 극진했다. 엄마는 시골에 살았는데도 얼굴이 희고 피부가 고왔다. 농사일은 아버지와 할머니가 도맡아 하시고 엄마는 구멍가게를 55년 동안 보셨다. 내 기억에 엄마는 맹장수술, 갑상선 등 잔병치레를 많이 하셨다. 아버지는 어머니가 많이 아프시면 가게를 친척들에게 맡겼다. 살림은 사촌여동생의 손을 빌렸나. 갑자기 아프서서 못 일어나실 때는 아버지가 나를 깨워서 엄청 미안해하며 내게 밥할 것을 부탁했다. 어머니가 자주 아프서서 그런지 어머니 성격은 좀 예민했다. 그래도 가게 손님들에게는 늘 친절했다. 사이좋은 아버지 어머니도 한 번씩은 다투셨다. 여기에 밝히기가 두 분께 미안하지만 아버지가 한 번은 너무 화가 나셨는지 망치로 가마솥을 두들겨버렸다. 나도 살아보니 그 상황이 이해가 된다. 그 다음날 아버지는 읍내에 가서서 솥단지를 사오셨고 예전보다 더 예쁘게 부뚜막을 만들어주셨다. 언젠가 어머니는 나에게 말했다.

"내가 동창회에 나가보니 내 동창들 남편이 많이들 세상을 떠났어. 또 앓아 누워계신 양반들도 있고. 나만 남편이 지금까지 건강하게 살아계신다. 젊어서는 나만 시골로 시집와서 못사는 것 같아 아버지 원망도 많이 했는데, 지금은 살아계신 것 자체가 감사할 일이지."

정말 아버지는 지금도 암산이나 주판으로 구멍가게를 보시는 여든한 살의 할아버지다. 아버지보다 한때 잘 나갔던 친구들이나 동생들은 모두 60세를 전후로 은퇴를 하셨다. 아버지만 지금도 현역으로 가게를 보신다. 적으나마 수입이 있으시니 지금도 딸에게 금일봉을 주신다.

이제 남편과 내 이야기를 해본다. 남편도 아버지처럼 처자식이 아프면 엄청 지극 정성이다. 배가 아플 땐 언제나 약손으로 배를 꾹꾹 눌러서 뭉친 배를 풀어주었다. 그리고 부인과 질환이 있는 나에게 전자렌지에 쑥 찜질팩을 데워서 둘러주곤 했다. 전에 친정아버지가 어머니에게 연탄불에 돌을 구워주셨던 것처럼. 남편도 나와 한바탕 싸울 때는 분에 못 이겨 욱하는 성질에 핸드폰과 벨트를 방바닥에 내동댕이쳤던 일이 있다. 그리고 남편도 법무사를 개업하였으니 아버지처럼 평생 현역으로 일할 수 있게 됐다.

* 아내는 양가 어머니를 닮았다

가끔씩 남편은 나를 놀린다.

"자기는 장모님 도싱해."

내 예민한 성격이 장모님 닮았다는 전라도 사투리다. 그러면 나는 반

론한다.

"잘 모르시는 말씀. 원래 둘째 딸들이 다 똑똑하고 까시러. 돌아가신 당신 어머니도 둘째 따님이었고, 당신 누님 중에서 제일 예쁘고 똑똑한 분도 둘째 따님이잖아."

나는 신혼 초에 남편과 많이 다툴 때 친정언니에게 하소연을 한 적이 있다. 그런데 언니는 종종 나에게 위로 아닌 위로의 말을 해준다.

"네 시어머니가 현명해서 이 서방에게 상호보완적인 배필을 짝지어 준 거야. 나도 그렇게 생각해. 너네 부부는 티격태격해도 성향은 비슷해서 잘 살 거야."

시어머님이 살아계셨을 적에 나는 어머니께 여쭌 적이 있었다.

"어머니, 동네에서는 어머니와 아버님을 어떻게 평하세요?"
"○○댁이 살림을 들었다 났다 한다고 그래. ○○양반은 사람 좋은 호인이고."

정확한 표현이었다. 시어머니께서는 본인과 시아버님과 아들인 내 남편 성격을 정확히 알고 계셨다. 남편은 지금도 노코멘트지만 은연중에 내 모습에서 시어머니를 보는 것 같아 한다. 집안 대소사를 항상 나에게 상의한다. 나는 언제나 최선을 다해서 사리판단을 잘하려고 노력했다. 조심스럽게, 때로는 화끈하게 남편에게 내 의견을 낸다. 그러면 거의 수용해주었다. 그렇다고 내가 남편을 무시한 적은 한번도 없었다. 시어머니도 내게 친정엄마처럼 시아버님을 초긍정하며 말씀하신 적이 있다.

"네 시아버님이 할아버님께 효도하느라 대장부로 큰일은 못했지. 그래도 항상 네 아버님이 내 옆에 계셔서 난 든든했다. 남편 그늘이 있다는 것은 감사할 일이여."

친정아버지와 시어머니는 심리학자도 아니시고 동양철학자도 아니시다. 그런데 남편과 내가 잘 어울릴 거라는 직감을 가지신 것 같았다. 나와 남편은 지금도 끊임없는 자기계발을 통해서 성장 발전하는 중이다. 서로 그 길을 응원하고 있다. 서로에게 없는 상대의 장점이 보이면 서로 감탄하고 극찬한다. 큰 틀에서는 성향이 같고 일부 영역에서는 각각의 개성이 있으니 우리는 지금도 밀어내기보다는 서로 끌린다. 나는 현실을 중요시하고 남편은 꿈과 이상을 중요시하니 오늘도 내일도 우리는 서로 보완하며 행복하게 살 것이다.

03

사랑과 행복은 함께 이루는 것이다

＊ 휴수동행과 이청득심

"다정한 연인이 손에 손을 잡고 걸어가는 길. 저기 멀리서 우리의 낙원이 손짓하며 우리를 부르네."

1977년도 제1회 MBC대학가요제 수상곡으로 '서울대 트리오'가 부른 〈젊은 연인들〉 노래다. 불후의 명곡으로 지금도 많은 연인들이나 부부의 사랑을 받고 있다. 그때 그 노래를 좋아했던 청춘들은 어느덧 50~60대가 되었다.

'손에 손을 잡고 걸어간다.'를 한자로 말하면 '휴수동행(携手同行)'이다. 『시경(詩經)』의 「북풍(北風)」편에 나오는 시의 한 문장으로 북풍이 차갑게 불어대는 허허 벌판에서도 '서로 손잡고 함께 가자'는 의미다. 시와 노래는 원래 한 뿌리라는 생각을 해본다.

전라북도 송하진 지사님은 2015년도에 도정 방향으로 '휴수동행' 사자성어를 선정한 바 있었다. 서로가 손을 맞잡고 도민 모두가 힘을 모으면 그 어떤 어려움도 극복할 수 있다는 의지표명이다. 지사님은 막중한 도정을 챙기면서도 내부 직원들과 평소 소통을 잘하신다. 시무식이나 종무식을 활용하여 인생을 살아가는 데 좋은 가르침이 되는 글을 써주시곤 한다. 2017년 종무식 때 내가 이벤트에 당첨되어 지사님 글을 받은 적이 있었다. 바로 '이청득심(以聽得心)'이다. 경청함으로써 사람 마음을 얻는다는 뜻이다. 가정에서나 사회생활에서나 꼭 필요한 명언이다.

난 지사님께 지난해 여름 칭찬을 받은 적이 있었다. 나는 파견근무 중이라 지사님을 거의 뵐 일이 없었다. 서울 출장 다녀오는 길에 전주역에서 지사님을 우연히 만났다. 너무 반가워서 뛰어가서 "지사님. 저는 ○○○○센터에 파견 나가 근무 중인 이 아무개입니다."라고 인사드렸다. 지사님은 "만나면 피해서 가는 직원도 있는데……." 하며 반겨주셨다. 나는 신이 났다. "지사님께서 종무식 때 써주신 '이청득심'은 저희 집 가보입니다."라며 한 번 더 나를 기억해 주십사 하고 말씀드렸다. 지사님은 웃으며 인사하는 직원을 정확히 기억하고 계셨다.

2020년 2월초, 새해를 맞아 지사님과 내 근무처 임직원이 오찬간담회를 갖게 되었다. 영광스럽게 나도 참석했다. 현안도 챙기고 소통하는 뜻깊은 시간이었다. 모두 여덟 분이 자리를 함께 했는데 거의 다 50대 이상이었다. 주요 현안 대화를 다 마치고 후식시간이었다. 인상 깊은 말씀을 하셨다. "나이 들수록 남자들은 부인 말을 잘 듣는 것이 좋다."고 하시며 결혼관을 길게 말씀하셨다.

"부부 사이에도 경제학 개념이 적용이 된다. 부부는 오랜 세월 동고동락한 소중한 인연이다. 세월이 흐를수록 배우자에 대한 신뢰가 두터워진다. 물론 새로운 이성에 눈이 갈 수 있다. 그러나 그 새로운 사람과 인연을 다시 시작하려면 처음부터 수많은 시행착오를 겪어야 한다. 지금 살고 있는 배우자와는 모두 상당한 경지에 와 있을 것이다. 소중히 여기고 조금만 더 노력하여 끝까지 동행하는 것이 수지맞다."고 말씀하셨다. 여성 공직자인 나의 의견을 물으셨다.

"예, 옳으신 말씀입니다. 어느 여성 작가는 '남편은 수선해가며 오래 신는 구두와 같다.'고 합니다."

"그렇지, 새 구두를 사서 신게 되면 발이 까이고 아프지. 서로 적응하는 기간도 필요하고 조금씩 고쳐가며 신는 구두가 제일 편하고 좋지. 지금 우리가 함께 살고 있는 배우자가 최고여!"

이구동성으로 모두 긍정했다. 배우자의 지지와 내조로 20~30년 넘게 공직을 잘 수행하고 있음을 감사하는 공감대가 형성되어 기분이 좋았다. 정치를 잘하시거나 고위공직을 바르게 수행하시는 분들에게는 항상 내조의 여왕이 있다고 생각한다. 그분들의 정치나 공직 인생은 결코 순풍만 불지 않았을 것이다. 때로는 북풍을 맞으며 험한 길을 배우자와 함께 걸었을 것이다. 두 손을 꼭 잡고 서로에게 온기가 돼주면서.

나도 어느덧 사업가의 아내가 되었다. 공직자의 아내보다 사업가 아내 자리가 분명 더 어려울 것 같다. 내가 공직자 신분으로 발 벗고 남편 사업을 직접 도울 수는 없다. 그렇다면 내가 할 일은 무엇일까? 새로운 비장한 각오를 갖기 보다는 현재 내 위치인 공직자로서, 남편의 아내로서, 두 아들의 엄마로서 최선을 다하는 것이 중요하다고 본다. 최선을 다한다는 것은 뭘까? 어렵게 생각하지 않기로 했다. 지금까지 해왔던 것처럼 남편과 매일매일 친구처럼 잘 지내는 것이다. 남편에게 가장으로서나 사업장 책임자로서의 무겁게 짐을 지우고 싶지 않다.

얼마 전 뉴질랜드 공무원인 파파홍의 〈원더풀 인생후반전〉 유튜브 방송을 보게 되었다. 주제는 '행복한 부부가 매일하는 7가지'였다. 행복한 부부는 운이 좋아 행복해진 것이 아니라고 한다. 매일매일 노력하고 습관화한 결과다. 행복한 부부가 매일하는 7가지를 메모를 하면서 들었다. 한마디로 '휴수동행'과 '이청득심'을 좀 더 쉬운 우리말로 구체적으로 풀이한 것이다.

첫째, 둘만의 시간을 갖는다.
둘째, 배우자의 사랑의 언어를 이해하라.
셋째, 20초 이상 안아준다.
넷째, 배우자의 말을 경청한다.
다섯째, 서로의 일과를 공유한다.
여섯째, 미래를 함께 계획한다.
일곱째, 서로에게 위안이 되라.

＊ 친구이자 비서 같은 배우자

우리 부부를 점검해봤다. 우리 부부는 거의 만점에 가깝다. 다만 조금 부족한 것이 있다면 배우자의 사랑의 언어 이해 부족이다. 그런데 이것도 살다 보니 이심전심하는 사이가 되었다. 우리 부부가 제일 잘하는 것은 서로의 일과를 공유하고 미래를 함께 계획하는 것이다. 오늘도 남편이 수시로 나를 찾는다. 어느 순간엔 내가 그의 비서인 것 같다. 그는 수많은 것에 호기심이 많다. 배우고 싶거나 활동하고 싶은 것을 나에게 알려오고 의견을 물어왔다.

"법인 대상으로 안내문을 보내려 한다. 편지글이 좋을까? 공문서 형태가 좋을까?"

"요즘 코로나로 주식시장이 폭락하고 있는데 오늘은 내 경험을 살려 현명한 주식 투자라는 주제로 찍어봤어."

"오늘 일과 후 우리 사무실에서 4시간 동안 스터디 하기로 했어."

"둘째 학교 운영위원으로 출마해볼까?"

남편의 지적 호기심은 정말 언제 어느 때 어느 분야로 향할지 모른다. 또 얼마나 깊이 파고들지 모른다. 그의 아내가 아니었더라면 몰랐을 부분을 나는 직간접적으로 많이 배운다. 남편이 말하는 법률 용어나 인터넷 용어를 사실 내가 못 알아들을 때가 많았다.

"난 하나도 못 알아듣겠다."고 관심 없어 하는 순간 남편은 이야기를 멈출 것이고 다음부터는 나에게 먼저 말을 걸지도 않을 것이다. 나는 이렇게 말하곤 한다.

"그런 말도 있었어?, 어떻게 그렇게 어려운 것을 금방 배웠지? 자기는 인터넷으로 하는 일을 확실히 잘해. 요약정리도 잘해. '되로 주고 말로 받는다.'는 말처럼 자기는 하나를 배우면 열을 아는 천재야."

나는 남편의 대화를 들으며 추임새를 넣고 틈틈이 모르는 신조어를 메모한다. 시간 날 때마다 인터넷을 검색해서 조금씩 알아가고 있다. 어찌 보면 나도 남편을 통해 도태되지 않고 성장해가고 있는 것이다. 남편과 나는 늘 미래를 위해 달려가고 있다. 자녀 교육도 그렇고 남편 사업 홍보 분야도 그렇다.

남편이 하고자 하는 일에 이것저것 따지지 않고 그냥 따라가기로 했다. 할까 말까 하면 하고, 갈까 말까 하면 가버리는 게 차라리 속 편하다. 남편이 우리 집 미래가 달린 남편 사업과 자녀 교육을 다른 이와 상의하지 않고 나와 상의해준 것에 너무너무 감사드린다. '휴수동행'과 '이청득심'이란 사자성어를 벗 삼아 사랑과 행복이 있는 중년 부부로 살아가는 재미가 쏠쏠하다.

04

가화만사성은 우리 가족 행복 비결이다

✱ 주식과 두 아들을 바꿀 수 없다

아이들이 초등학생과 중학생으로 한창 성장할 때 우리 부부가 보유한 주식도 최고 성장기였다. 그래서 남편과 나는 보유종목을 제3의 아들이라며 늘 즐거워했었다. 그런데 보유한 주식을 키우느라 자식 농사를 크게 소홀히했다. 주말을 이용해 우리가 보유한 주식회사 제품이 전국 백화점에서 얼마나 잘 팔리는지 전국 투어를 다녔다. 집안일은 가사도우미에게 부탁했다. 아이들은 아이들대로 신나게 게임을 하면서 놀았다.

큰아들이 중 2 여름방학 때였다. 토요일을 이용해 남편과 내가 대구 소재 L백화점 구경을 마치고 스마트폰으로 기차표를 예매하는 순간이었다. 카드결제 한도액을 초과했다면서 계속해서 결제가 되질 않았다. '그럴 리가 없는데.' 하며 나는 BC카드사에 전화를 했다. 미국 구글 회사로 일주일 사이에 3백만 원이 넘게 지출되었다고 한다. 예전에 내가 아들 요청에 따라 게임을 재미있게 할 수 있도록 한 번 카드결제 해준 것이 화근이었다. 그 게임 싸이트에 내 결제 수단이 그대로 기록 보존되었던 것이다. 아이들은 게임을 더 빠르고 재미있게 놀기 위해 결제창이 뜨면 계속해서 눌렀던 것이다. 국내용 카드승인 절차와 달리 돈 잘 버는 구글 회사는 내 돈을 너무도 쉽게 가져가버렸다. 나는 하늘이 노래졌다.

대구에서 대전을 경유하여 전주 집으로 오기까지 나는 별별 생각이 다 들었다. 공직자가 외화를 3,000달러나 썼으니 이것도 내 직장에 통보되면 조사감이 될 것 같아 속으로 걱정도 됐다. 일단 "반성문을 구체적으로 써라."라고 했다. 기차 옆 손님이 들을까 봐 큰소리로 애들을 야단칠 수도 없었다. 이미 벌어진 일, 어떻게 따끔하게 벌줄까를 생각했다. 3백만 원을 책으로 환산하면 책 3백 권 값이다.

나는 전화를 걸어서 "게임 값으로 헛돈을 날렸으니 각각 책 1권씩 읽고 독후감을 한 편씩 써놓아라."라고 했다. 또 "향후 1년 동안 하루에 1권씩 무조건 읽고 써라."라고 벌 대신 독후감 숙제를 내줬다.

세 시간 만에 집에 도착하니 우리 부부는 화가 어느 정도 풀렸다. 아들은 날짜별로 몇 달러씩 결제를 했는지 매우 구체적으로 적어놓았다. 그리고 각각 독후감도 당일 분량으로 한 편씩 써놓았다. 주문대로 이행했기에 크게 야단치지 않기로 했다. 바로 그 다음 주에 나는 일주간 집을 비우고 해외출장을 다녀왔다. 돌아온 날 남편이 심각하게 말했다.

"○○이를 때려줬어."
"아니 왜?"
"일주일 전 우리한테 제출한 반성문과 독후감은 모두 동생이 쓴 것이었어. 동생이 먼저 쓴 것을 ○○이가 보고 쓴 것이야."

정말 하늘이 또 한 번 무너졌다. 일주일 전에 내 마음에 쏙 들게 큰아들이 반성문을 썼기에 용서를 했다. 이참에 큰아들이 독서 습관을 가진다면 그걸로 만족하려 했었다. 남편이 이후 독후감 숙제도 취소했다고 한다. 어차피 작은아들이 대필해서 상납할 것이고 작은아들이 이중으로 고생할 것이 뻔하다는 것이다.

부모가 주식으로 돈 버는 데 미쳐 있는 동안 아이들 학습은 물론 인성 교육도 엉망이 되었다. 큰아이에 대해서는 학교 선생님이 나에게도 몇 차례 주의를 줬다. 지각을 해서 벌로 청소를 시켰는데 청소할 줄을 전혀 모른다고 했다.

"청소는 가사도우미가 하는 것인데, 내가 왜 해요?" 이렇게 말했다고 한다. 나는 정말 부끄러웠다. 나와 남편은 정말 심각하게 고민했다. 남편은 아들 교육이 자신의 손을 떠난 것 같다고 절망했다. 그 뒤로 남편은 교회를 더 열심히 다니게 됐다. 남편은 그 후 거금을 투자하여 아이들을 6개월 과정의 코칭 수업을 받게 했었다. 나는 처음에 남편이 사설교육기관 코칭을 하는 것에 대해 좀 불만이었다. 남편 지인 매출에만 기여한 것 같았기 때문이다. 그러나 코칭 내용은 진지했고 둘째도 별도로 받았다. 가족이 전체 참여하는 수업시간도 있었다.

나는 나대로 매주 일요일 저녁 8시에 가족회의를 열었다. 일주일간 어떻게 보냈는지를 살펴보고 다음 주 계획을 말하기다. 회의는 내가 먼저 주재했다. 글을 잘 쓰는 작은아들은 서기를 했다. 남편은 "무슨 책을 읽겠다." 두 아들은 "학원을 안 빼먹고 다니겠다.", "시험공부를 하겠다." 나는 "운동을 하겠다." 등등 각자 다짐을 말했다. 집안일을 용돈으로 환산하는 놀이도 했다.

처음에는 발표 실력도 늘어가고 좋았다. 그런데 아이들은 점점 하기 싫어했다. 공부를 잘하라는 중압감과 일상을 체크 받는 느낌이 들었던 것 같았다. 지금 와서 생각하니 주말에 아이들과 영화를 단체로 관람하고 가까운 모악산이라고 한 번 더 둘러보는 게 더 좋았을 것을. 안타깝게도 가족회의는 내가 병원에 한 달간 입원하게 되어 유야무야 됐다. 남편은 나까지 아프게 되어 이중삼중으로 심적 고통이 컸다. 지금까지 주식으로 번 돈을 아들에게 집중 투자하기로 결론을 내렸다. 그때의 선택이 정말 최선이었다. 남편은 골프에 '골' 자도 몰랐는데 무섭게 공부해서 아들을 뒷바라지했다. 그는 돈만 투자한 것이 아니었다. 본인이 좋아하는 테니스를 중단했다. 아들과 같이 골프를 배우고 골프연습장 마감 시간에 함께 공을 담으면서 동고동락했다. 나는 그 부자의 모습을 보면서 참 흐뭇했고 감사 기도가 절로 나왔다.

* 마음을 읽어주고, 마음을 알아주고

작은아들은 무척 속이 깊은 아들이다. 큰아들처럼 대외적인 큰 사고는 치지 않았다. 하지만 은연중에 엄마에 대한 불만이 많았다. 내가 너무 공부 공부하고 책 읽기만 강요한다는 것이다. 한번은 나에 대한 불만과 자신의 생각을 편지로 보내왔다.

'엄마와 제가 살고 있는 시대는 다릅니다. 지금은 공부만 잘하는 엘리트보다 개성 있게 사는 사람이 성공하는 시대입니다. 독서만 하면 친구를 사귈 수 없습니다. 게임을 하면 친구와 사귈 수 있습니다. 엄마는 저를 위해 옷도 사주고 학원도 보낸다고 하시지만 제가 원하는 옷도 아닙니다. 영어 말고 지금까지 제가 원해서 학원 다닌 적 없었습니다. 모두 형을 따라 다녔을 뿐입니다. 저에게 자유를 주세요.'

작은아들의 성품을 알아본 사촌형님 덕분에 그 아이는 중2 때부터 거문고를 배우기 시작했다.

이렇게 아이들의 유별난 10대를 겪으면서 우리 부부와 아이들은 같이 성장했다. 남편과 나는 경제적으로나 심적으로 좌절할 때 우리 부모님을 생각했다. "가난한 시골에서도 양가 부모님들은 각각 7남매, 5남매를 잘 키웠는데 우리 부부는 겨우 아들 둘도 못 키우고 왜 이렇게 힘들어할까?" 하며 진지한 고민을 많이 했다. 그리고 우리가 못하는 것을 전문가를 찾아 나서서 도움을 요청했다. 항상 단계별로 최고의 선생님을 찾아다녔다. 부모로서 최선을 다하려는 마음을 읽어주신 선생님들은 최선을 다해서 지도해주셨다. 재능뿐만 아니라 인성까지 지도해주셔서 늘 고마운 마음을 갖게 되었다.

지금은 코로나 전염병 확산으로 전 세계 주식시장이 출렁거리고 있다. 남편은 유튜브 방송에 자신의 주식 투자 철학을 밝힌 바 있다. 아무리 좋은 종목이라도 계란을 한 바구니에 다 담아 장기 투자한 것이 자신의 경우 손실을 초래했다고 솔직히 밝혔다. 나는 남편이 주식 이야기 할 때마다 아찔하다. 아무리 황금알을 낳는 주식이라고 해도 그것을 제3의 아들이라 여기고 주말마다 전국을 투어했던 씁쓸한 기억이 난다. 그 사이 우리 두 아들은 정서적으로나 기본 학습에 펑크가 조금씩 났던 것이다. "호미로 막을 것을 가래로 막는다."는 속담이 있다. 우리가 아이들의 10대 초반 성장기를 잘 돌보지 않아 아이들이 예체능의 길로 간 것 같아 미안한 마음이 일 때가 있다. 계기가 어찌되었든 지금 우리 아이들은 부모가 자신들의 개성 있는 성장을 위해 최선을 다하고 있음을 잘 알고 있다. 부모가 자식의 마음을 읽어주고 자식이 부모의 마음을 알아주는 시간이 찾아와서 얼마나 감사한지 모른다.

과연 남편과 나는 현명한 부모인가? 그렇다. 자식 농사가 제일 중요하다는 것을 뒤늦게라도 깨달았기 때문이다. 지금은 내가 부족한 부모로서 두 아들에게 반성문을 쓰는 느낌이다. 두 아들에 대한 예체능 진로를 빨리 잡다 보니 우리 부부의 인생 2막도 빨리 시작되었다. 남편의 이른 공직 은퇴가 우리 가족을 더욱 뭉치게 한다. 어려울수록 똘똘 뭉치는 힘을 받아서 가족 구성원들이 각자의 개성 있는 꿈을 위해 최선을 다하는 지금이 정말 행복하다.

집에서 대접받아야 진짜 잉꼬부부다

* 당신 안전운전과 건강이 중요해

내가 본격적으로 운전을 시작한 것은 2007년도 여름부터였다. 남편은 승진시험 합격 후 새 차인 산타페 오토기어 차를 타게 되었고 나는 잔고장이 나기 시작한 아반떼 스틱기어차를 운행하기 시작했다. 집과 사무실을 오가는 출퇴근용이었기에 별 부담은 없었다. 새 차에 대한 욕심이 애초에 내게 없었다. 운행하면서 속상한 것은 동료 남편과 내 남편의 행동이 비교됐기 때문이었다. 동료 남편은 차를 정기적으로 점검해줄 뿐만 아니라 주유와 세차까지 해서 대령하는 수준이었다. 나는 세차도 엔진오일도 주유도 내가 다 했다. 나는 은근히 보살핌을 요구했는데도 썰렁한 말만 돌아온다.

"관리를 스스로 해봐야 자가운전자로 실력이 늘어. 다만 사고 났을 때는 내가 도와줄게. 현장만 떠나지 마. 웬만한 사고는 보험으로 해결할 수 있어. 그런데 뺑소니는 안 돼."

좀 서운했지만 스스로 관리하다 보니 오히려 내가 대견스러웠다. 그런데 어느 날 새벽운동을 마치고 돌아오는 길에 시내버스와 충돌해버렸다. 비포장 골목에서 본 도로에 진입하는 과정에서 시동이 꺼져서 차가 멈추질 않고 버스와 부딪쳤다. 앞 범퍼와 백미러까지 내 차는 박살났다. 그 순간 내가 아픈 것은 생각하지 않았다. '어쩌지, 완전 내 과실로 버스를 받다니. 아침에 출근하는 승객도 많을 텐데……'

운전기사분이 내려서 내 차로 다가왔다. 나는 "죄송하다." 하며 어쩔 줄 몰라 했다. 기사님은 화도 내지 않았고 뒷차가 밀리니 차를 한쪽에 주차하라고 했다. 나는 사고 난 차를 다시 시동 켜기가 무서웠다. 버스기사님은 친절하게도 내 차를 이동시켜줬고 보험이라든지 몇 가지를 차분히 체크하셨다. 이후 보험회사와 남편이 출동했다. 다행히 큰 인명사고가 없어서 원만하게 처리되었다. 사고처리 후 나는 한동안 차를 몰지 않았다. 시동이 꺼질 수 있다는 공포감이 컸다. 그런데 얼마 후 우리 집에서 8

킬로미터 떨어진 산단 주변 사업소로 발령이 났다. 출퇴근이 문제였다. 비용상 늘 택시를 타고 다닐 수 없었다. 그렇다고 화물차가 많은 공단지대를 시동이 잘 꺼지는 중고차로 다니기도 걱정스러웠다.

첫 출근은 택시로 했다. 퇴근 후 남편이 나를 주차장으로 나오라 했다.

"내일부터 산타페 타고 다녀. 내비게이션이랑 후방카메라, 블랙박스까지 다 설치했어."
"아니, 그럼 자기는?"
"아반떼를 조심조심 내가 몰고 다니면 돼."

차 욕심이 많았던 남편이 1년도 안 된 새 차를 내게 준 것이었다. 그것도 안전장치를 추가 장착해서. 나의 안전을 그토록 세심하게 챙겨줄지를 미처 상상도 못 했었다. 고마움이 밀려왔다. '아, 이 사람은 정말 나를 소중히 여기는구나.'

이튿날부터 내가 새 차를 운전하고 갔다. 남직원들의 부러움을 한 몸에 받았다. 나는 남자들의 차 욕심이 왜 그렇게 많은지 이해가 안 되었다. 그 후로 사업소에선 남편의 아내 사랑이 극진하다고 소문났다. 산타페 차를 살 때만 해도 남편이 우리 수입에 비해 허세를 부린다고 생각했었다. 또 남편의 선물 강요에 따라 내가 대출해서 구입했기에 나는 그 차에 별로 애정이 없었다. 그런데 그 차가 사업소에 나가 있는 동안 내 보디가드 역할을 톡톡히 했다.

남편이 크고 안전한 차를 선호한 데는 나름 사연이 있었다. 결혼 전 남편이 타고 다니던 자동차는 꽁지 없는 프라이드로 30만 원짜리 중고차였다. 남편은 근무지인 정읍, 신혼집인 남원, 야간대학원 소재지인 전주, 시댁인 장수까지 주 2~3회 장거리 운행을 해야 했다. 그 차의 안전성이 매우 걱정되었다. 그래서 신혼 때 산 것이 아반떼였다. 그런데 차를 산 지 1년도 안 되어 두 번 사고가 났었다. 남원에서 전주를 경유하여 정읍까지 출근하는 길은 족히 2시간이 걸린다. 그런데 남편은 시간을 단축하기 위하여 전주를 경유하지 않고 임실과 순창군 산간 도로를 넘나들었다.

가장 큰 사고는 1999년 12월 초 빙판길 전복사고였다. 남편은 다행히 다치지 않았고 차만 공업사에 수리를 맡긴 상태였다. 나는 지금도 기억이 생생하다. 출산 예정일보다 진통이 빨리 와서 남편에게 전화를 했었다. 그런데 남편이 너무 심란해 하는 목소리로 전화를 받은 것이었다. 처음에 나는 남편이 아빠 되는 것을 걱정하는 줄 알았다. 서운한 마음에 왜 그러냐고 재촉을 했다.

"또 차 사고가 났어. 고치는 데 일주일 넘게 걸린대. 차가 없어서 남원에 갈 수도 없어. 미안해."

나는 경황이 없어서 다친 데는 없냐고 묻지도 않았다. 남편은 동료 차를 빌려서 큰아들이 태어나기 두 시간 전에 남원의료원에 도착했다. 친정언니는 액땜했다고 생각하라며 나와 남편을 향해서 축하와 위로를 동시에 해줬다.

그 후 8년간 큰 사고가 없다가 내가 시내버스를 받았으니 남편이 나를 많이 걱정했던 것 같았다. 10년 전만 해도 차에 블랙박스 달고 다닌 사람이 거의 없었는데 남편은 안전에 거금을 투자했다. 이후에도 남편은 내가 생각지도 못한 것에 나를 위해 큰돈을 썼다. 내가 보건직 공무원과 어울릴 일이 많았는데 그분들은 거의 다 주방에서 가스렌지 대신 인덕션을 사용한다고 했다. "어지럼증에 좋지 않을까?" 싶다고 남편에게 한마디 했는데 남편은 바로 설치해주었다.

* 음식 대접도 말 대접도 잘해야 잉꼬다

이렇게 남편은 내 안전과 건강에 관한 것이라면 나에게 항상 적극적이었다. 나머지는 좀 무딘 편이다. 솔직히 나는 결혼 후 남편이 자상하지도 꼼꼼하지도 못한 것에 많이 서운했다. 한 번씩 내가 무수리 같은 느낌을 받곤 했었다. 집안 전구나 형광등을 내가 교체하는 것은 물론 베란다 누수방수 공사, 보일러 수리 및 교체 공사, 낡은 방 문짝 교체 공사 등을 업체선정부터 결제까지 내가 도맡아했다. 친정 언니네 집의 경우는 생활에 불편이 없도록 모든 걸 형부가 뚝딱뚝딱 해결해주었다. 남자들은 비교하는 걸 싫어하니 투덜거릴 수도 없었다. 옛말에 "아쉬운 사람이 우물판다."고 했다. 결국 우리 부부는 불편하거나 필요하다고 느낀 사람이 일을 시작하거나 비용을 지불하게 되었다.

모든 집안일의 우선순위가 부부간에 같을 필요가 없다. 서로 중요하다고 생각하는 살림들을 각자가 장만하다 보면 집안 전체적으로는 살기에 더 편해진다. 나는 있는 물건이나 가구 수선비용만 들었다면 남편은 최신형 TV, 김치냉장고, 로봇청소기, 대형 책꽂이 등을 들여놨다. 남편 비용지출이 더 컸고 우리 집 삶의 질을 높인 것 같다. 내가 이런 남편 성향에 꼭 맞는 선물을 해준 적이 있었다. 바로 법무사사무실 벽 한 면에 대형 책꽂이를 설치해줬다. 내가 보기엔 위험할 정도가 아닌데도 남편은 우리 집 거실과 애들 방의 대형 책꽂이 3개가 꽉 차서 집이 무너지거나 책 먼지로 호흡기가 나빠질까 봐 걱정을 자주 하곤 했다. 그래서 언젠가부터 남편은 개업하면 모든 책들을 자신 사무실에 옮기겠다고 했다.

내가 그 소원을 들어줬다. 바로 사무실 한쪽 벽 전체에 해당하는 가로 6미터 세로 3미터짜리 대형 책장을 주문 제작해주었다. 책 먼지는 시동생님이 공기청정기를 개업 선물로 주어 해결되었다.

오래 살다 보니 우리 부부는 상대가 잘할 수 있는 일과 상대가 좋아하는 말을 자연스럽게 터득하게 되었다. 집안일은 이제 말하지 않아도 분업이 되어 척척 돌아가고 있다. 둘 사이 대화는 드디어 이심전심을 넘어 말로 대접하는 수준이 되었다.

한번은 남편이 여러 군데 출장이 많아 식사도 제대로 못 했을 것 같았다. "저녁 같이 할까요? 바쁘시면 나 홀로 커피숍 가서 빵 먹고 책 볼까요?"하고 톡을 보냈다. "같이 합시다."로 답이 왔다. 메기 매운탕을 사줬다. 대화가 따뜻했다. 그는 하루 일과를 정리하는 기분으로 여러 가지 말을 하다가 한마디 흥분하며 말했다. "오늘 홈페이지로 견적의뢰가 들어왔어.", "정말? 진짜?" 드디어 남편 SNS 홍보 실력이 손님을 유치하기 시작한 것이다.

남편은 나의 식사 제안 수락으로 내게 남편과 함께하는 시간을 선물했고, 나는 남편의 인터넷 견적의뢰를 축하해줬으니 정말 최고의 시간이 되었다.

빅토르 위고는 『레미제라블』에서 장발장을 통해 "인생에서 가장 행복할 때는 누군가에게 사랑받는다고 확신할 때이다."라고 말했다. 나와 남편은 서로 사랑받는다는 확신이 있어서 정말 행복하다.

명작 속의 완벽한 연인들

제리 주커 감독 영화, 〈사랑과 영혼〉

몰리 (여) : 자기는 왜 그 얘길 전혀 안해?

샘 (남) : 내가 그 얘길 전혀 안한다니 무슨 뜻이야? 난 항상 그 말을 하는데.

몰리 (여) : 아니야, 자기는 안해. 자긴 (아주 간단히) "동알"이라고 얘기하지만 그건 같은 게 아냐.

샘 (남) : 사람들이 '나 당신 사랑해'라고 항상 말은 하지만 그건 아무 의미도 없어.

몰리 (여) : 때로는 그 말을 (자기가 나를 사랑한다 말을) 들을 필요가 있어. 난 그 말을 들을 필요가 있어.

06

사랑한다면 행동으로 옮겨라

* 연구 대상이 아니라 사랑할 사람이다

참사랑을 한다면 상대방이 좋아하는 언행을 해주고 싶은 것은 인지상정이다. 2020년 3월 13일이면 나는 결혼 21주년을 맞이한다. 남편과 오래 살다 보니 요즘 남편과 나의 행동에서 두 가지 변화가 보인다. 첫째, 배우자가 좋아하는 것을 잘 할 수 있도록 북돋아준다. 둘째, 상대방이 나에게 맞춰주기를 강요하지 않고 상대방이 원하는 것을 맞춰주려고 서로 노력한다. 결혼 초기에는 남편이 나에게 맞춰주기를 바랐고, 남편도 내가 그에게 맞춰주기를 바랐었다. 서로 뭐가 틀어지면 "이해가 안 간다, 당신은 연구 대상이다." 하며 티격태격 싸우기도 했다. 이제는 우리 둘만의 사랑의 퍼즐이 완성되어 부부로서 서로 귀하게 여기며 행복하게 살 것 같다.

3월 12일 아침에 남편이 먼저 말했다.

"요즘 당신이 나한테 엄청 잘하는 것 같아."

"내가 보기엔 당신이 나한테 더 잘하는 것 같은데, 함께 대화하는 이 아침이 참 좋아."

"당신이 아프다는 소리도 않고. 요즘 병원 안 간지도 오래됐지?"

"방바닥에서 따뜻하게 푹 자니까 피로가 풀려. 늦게 자더라도 아침에 영양제를 물에 타 마시면 하루 보내기가 거뜬해."

"그래. 건강 잘 챙겨야 돼. ○○에게도 '엄마처럼 꼭 먹어라'라고 권했어."

"14일 화이트데이가 토요일이니 오늘 내일이라도 사무실 여성 두 분 잘 챙겨요."

"뭐가 좋을까?"

"난 개인적으로 사탕보다는 커피 쿠폰과 꽃 선물이 더 좋을 것 같아."

이제는 남편이 나를 위해 우리 결혼기념일이라든지 화이트데이를 챙기길 원하지 않는다. 왜냐하면 우리는 365일 행복하기 때문이다.

남편과 나는 우리 결혼기념일에 대해서는 전혀 언급하지 않았다. 내가 무엇을 간절히 원하는지를 익히 알고 있기에. 세상을 향하여 내 결혼 이야기를 하고 싶었다. 그 시작을 선언하는 날로 삼고 싶다. 남편도 날 응원하고 있다.

나에게는 2020년 상반기가 여러모로 특별했다. 뭔가 내 삶을 정리하고 새로운 비전을 제시하고 싶었다. 지나온 직장생활과 결혼생활을 점검해보는 것이다. 되돌아보니 모든 것이 사랑과 감사의 시간이었다. 마침 나는 파견 근무 중으로 앞으로 남은 공직 9년을 어떻게 보낼 것인가를 생각해보기도 한다. 또 은퇴 후 제2막, 제3막을 구상하고 있다. 2020년 하반기엔 두 아들도 좀 더 구체적인 진로결정을 해야 한다. 큰아들은 제대를 5개월 앞두고 있고 작은아들은 대학 진학을 앞두고 있다. 그들의 꿈이 보다 더 튼튼하게 커나갈 수 있도록 정신적으로나 물질적으로 무장하고 싶다.

나는 지난 겨울 동안 많은 일을 겪었다. 남편의 책 출판과 개업 그리고 전 세계적인 코로나19 사태를 보면서 정말 이 세상은 불확실하다는 것을 깨달았다. 남편은 책을 쓰고 퍼스널 브랜딩에 성공하여 창업의 현장에서 유리한 조건으로 영업을 하고 있다. 막연한 두려움보다는 잘할 수 있으리란 확신이 더 커졌다. 나도 공직자로 아내로 엄마로 살아온 이야기를 잘 풀어서 퍼스널 브랜딩하고 싶은 욕심이 생긴 것이다. 그것을 실행에 옮길 수 있도록 필요한 환경을 제공해준 남편이 너무 고맙다. 남편은 내가 마음껏 책을 읽거나 글을 쓸 수 있도록 많은 배려를 해주고 있다. 주말마다 내가 집안일을 하지 않고 동네 커피숍에서 책을 보거나 노트북 작업을 하도록 가사에서 해방시켜준 것이다. 필요한 자기계발 도서도 엄청 사주었다. 참 고마운 남편이다.

요즘 우리 부부 사이는 즐거운 대화가 많아졌다. 서로 사랑하고 서로의 성장을 위해 돕고 있기 때문이다. 사랑한다면 행동으로 사랑의 마음을 옮기고 전해야 한다. 어떻게 행동해야 할까? 여기서 행동은 사람에 따라 다르다. 사랑한다고 말로 표현할 수도 있고 스킨십을 할 수도 있다. 상대를 위한 마음을 담은 선물을 주는 것도 좋다. 좀 고차원적이지만 말 없이 지켜봐주고 기도해주는 것도 사랑의 또 다른 얼굴이다. 그러나 나는 부부 사이라면 어떻게든 늘 사랑을 구체적으로 주고받으며 행복하게 사는 것이 바람직하다고 본다.

* 다섯 가지 사랑의 언어를 마스터하라

많은 부부 상담가들은 게리 채프먼의 저서 『5가지 사랑의 언어』를 활용하면 대부분의 부부 문제가 해결되고 상대 배우자가 원하는 사랑을 잘할 수 있다고 한다.

처음에 나는 이 책을 접하면서 특별한 사랑의 언어가 있는 줄 알았다. 그런데 아주 익숙하고 누구나 실천할 수 있는 은혜로운 말과 행동이었다. 이 책은 사랑의 언어로 인정하는 말, 함께하는 시간, 선물, 봉사, 스킨십이 있다고 이야기하고 각각에 대해 설명해준다. 게리 채프먼은 위 5가지 사랑의 언어는 개개인마다 우선순위가 다르니 우선은 자신의 사랑의 언어가 무엇인지 깨닫고, 상대방의 사랑의 언어 우선순위를 파악하는 것이 중요하다고 한다. 이후 서로의 언어를 이해하고 행동으로 실천하면 된다.

무엇을 좋아하는지 무엇을 우선순위에 두는지는 자신이 상대방에게 받고 싶은 게 무엇인지를 생각해보거나, 아니면 자신이 주변 사람들에게 어떤 걸 베풀고 있는지 생각해보면 알 수 있다고 한다.

제1의 사랑의 언어를 발견하는 세 가지 방법을 소개하면 다음과 같다.

첫째, 배우자가 당신의 마음에 깊은 상처를 주는 것이 무엇인가? 당신이 상처받는 것이 바로 당신이 우선시하고 좋아하는 사랑의 언어이다.
둘째, 당신이 배우자에게 가장 많이 요구하는 것이 무엇인가? 당신이 가장 많이 요구하는 것이 바로 당신이 사랑을 가장 많이 느낄 수 있는 것들이다.

셋째, 당신은 배우자에게 어떻게 사랑을 표현하는가? 사랑을 표현하는 당신의 방법이 바로 당신 자신이 사랑을 느낄 수 있는 것이다.

나 스스로 문답해봤다. 첫째 나는 남편이 내게 "집착하지 마, 너무 의지하지 마, 자기 시간 가져봐."란 말에 상처를 많이 받았다. 둘째 내가 남편에게 가장 많이 요구하는 것은 "같이 있고 싶다. 같이 지내고 싶다."였다. 셋째 나는 남편을 자주 안아준다. 결국 내가 좋아하는 사랑의 언어는 '함께하는 시간'과 '스킨십'이다.

나는 남편에게 사랑의 언어 5가지가 있다면서 나와 남편을 분석한 내 의견을 조심스럽게 말했다.

"당신이 좋아하는 사랑 언어는 '인정하는 말'과 '선물'인 것 같아. 내가 제일 좋아하는 사랑의 언어는 '함께하는 시간'과 '스킨십'이고."

남편은 긍정도 부정도 안 한다. 어느 정도 공감하고 맞다고 생각하는 것 같았다. 말 나온 김에 나는 한 술 더 떴다.

"우리가 서로 잘 챙긴다고 생각하는 것은 결국 함께하는 시간이 많아지고 대화가 잘 되기 때문인 것 같아. 화제도 온통 당신과 내가 좋아하고 관심 있어 하는 부분만 집중해서 이야기하다 보니 말하는 사람도 즐겁고 듣는 사람은 칭찬으로 힘을 실어주고. 아무튼 우린 지금 최고로 행복한 거야. 나랑 함께 많이 있어줘서 고마워. 좋은 책도 사주고 정말 고마워."

나는 남편에게 '사랑해.'란 말로 마무리하지 않고 남편이 나에게 자주 해주는 말 '고마워.'로 마무리했다. 그러고 보니 남편은 나에게 사랑한다는 말을 거의 먼저 자발적으로 한 적이 없다. 그가 자주 쓰는 사랑의 말은 상대를 인정하는 말 '고마워.'다. 뒤늦게나마 나는 남편이 좋아하는 사랑의 언어를 알게 되었다. 나는 남편이 항상 사업 이야기를 할 때 늘 경청하고 잘될 것이라고 인정하는 말을 하련다. 또 그가 새로운 것을 배우고 익히는 걸 좋아하니 늘 칭찬해줘야겠다.

사랑은 침묵이 아니다. 배우자를 사랑한다면 인정하는 말을 자주 하고 마음을 담은 선물과 스킨십을 행동으로 옮기자. 이왕이면 배우자가 원하는 사랑의 언어 방식으로.

07

배우자에게 자주 애정 표현을 충분히 하자

＊ 사랑한다는 말에 목멘다

내가 중매결혼을 해서 그런지 나는 남편으로부터 기필코 "사랑한다."
는 말을 자주 듣고 싶었다. 그런데 남편은 농담 삼아서도 말하지 않았다.
정말로 듣고 싶어서 한 번은 다음과 같이 물은 적이 있다.

"'미워해'의 반대말이 뭐지?"
"……."
"'안 사랑해'의 반대말이 뭐지?"
"……."

"나 좀 따라 말해봐, 사랑해~"

"……."

    도대체 "사랑해."라고 말할 줄 모른다. 가끔씩 꽃다발과 함께 보내온 편지에 '사랑하오.', '사랑합니다.' 이렇게 글자로 표현하긴 한다. 사실 이 메시지는 꽃가게에서 대필해준 것이었다. 이렇게 '사랑한다'는 말에 인색한 남자와 나는 어떻게 21년을 살아왔을까?

    여러 차례 사랑 타령을 시도하다가 나는 시대 문화로 생각하고 더 이상 구걸하지 않았다. 그는 출생 배경이 충과 효를 중시하는 유교 문화와 남아선호사상이 가득한 곳에서 장남으로 태어났다. 시부모님과 누님들은 그를 애지중지 귀하게 여기는 마음으로 키우셨다. 그래서 남편의 마음속에 부드러운 사랑의 언어보다 남아로서 자긍심과 책임감이 더 크게 자리 잡은 것 같았다. 어려서 듣지 못한 용어를 성인이 되어 사용하려면 남편이 의도적으로 연습을 했어야 했다. 아니면 멜로드라마를 계속 시청하여 여성들이 '사랑한다'라는 표현에 목멘다는 것을 알았어야 했다.

    어느 심리학자는 "남자는 자기를 존경하는 여자를 위해 죽을 수 있고, 여자는 자기를 사랑하는 남자를 위해 죽을 수 있다."라며 남녀의 차이에 대해서 극단적으로 설명한 적이 있다. 그래서일까? 남편은 가끔씩 내게 기사도 정신을 발휘하여 내가 상상할 수 있는 것 이상으로 아내로서 예우를 멋지게 해줄 때가 있었다.

나는 결혼 후 6년 동안 두 아들 보육비와 남편 옷을 사는 데 지출을 하다 보니 내 옷을 거의 사는 일이 없었다. 남편 옷은 G브랜드 신사복 위주로 샀고 나는 실용적인 옷 위주로 사 입었다. 사실 어린애 둘을 늘 챙겨야 했기 때문에 편한 옷이 제일이었다. 직장에서 독신 여성 언니들은 겨울이면 다들 한껏 멋을 낸다. 나는 직장생활을 오래 했어도 한 번도 가죽 자켓이나 무스탕, 밍크 옷을 입은 적이 없었다. 내 눈에 가죽 자켓을 입은 여성은 멋져 보였고 무스탕과 밍크 옷은 따뜻하면서도 귀티 나게 보였다. 그래도 워낙 고가라 나는 그런 옷 종류를 파는 곳에 눈길도 주지 않았다.

2005년도 겨울에 남편과 나는 전주로 이사 와서 첫 번째 겨울을 보내게 됐다. 생일에 즈음하여 남편은 내게 뭔가를 사주고 싶어 했다. 평소 운동복을 사기 위해 자주 다녔던 스포츠의류가게 옆에서 모피류를 세일해서 팔고 있었다. 나는 남편에게 가죽잠바를 한번 입어보고 싶다고 말했다. 매장에 들어갔다.

남편과 들어온 나를 보더니 옷가게 주인은 여러 옷을 권했다. 세일을 해도 모두 1백만 원이 넘었다. 나는 두세 개 입다가 "내 형편에 안 맞다." 고 단념했다. 남편이 "사줄 테니 골라."라고 했다. '사준다, 안 입겠다.' 했 더니 주인은 원가로 주겠다며 70만 원짜리 가죽잠바를 권했다. 잠바와 자켓 형태를 띤 것으로 유행을 타지 않고 따뜻하게 입을 수 있는 옷이었 다. 정말 좋은 제품이어서 올해로 16년째 입고 있다. 입을 때마다 남편 사랑이 느껴진다.

남편이 사준 것으로 10~15년 동안 사용한 것이 한두 개 더 있다. 그는 테니스를 좋아했는데 나에게도 배워보라며 라켓을 사왔고 첫 달 레슨비 를 지원해주었다. 그것이 계기가 되어 새벽운동을 15년째 하고 있어서 지금까지 감기약을 먹어본 적이 없다.

2009년도에는 남편이 이탈리아 연수 기념으로 카키색 핸드백을 사왔 다. 그 가방은 가볍고 A4 사이즈보다 조금 넉넉한 네모 모양인데 책과 양 산이 충분히 들어가서 좋았다. 10년 가까이 들다보니 손잡이 가죽이 갈 라져서 수선해서 들고 다녔다. 남편은 그 가방을 아울렛에서 산 것인데 너무 애지중지한다면서 그 후 국산 브랜드로 고급스런 가방을 몇 개 더 사주었다. 남편에게 물어보지는 않았지만 남편이 사주면 10년 이상씩 사 용해버리니 계속해서 고급제품을 사주는 것 같았다.

그래도 남편이 내게 준 선물 중에서 가장 뜻 깊은 것은 제이에스티나 사 주얼리와 핸드백이다. 남편이 제이에스티나 주식을 보유하면서 나는 10년 동안 수시로 선물을 받게 되었다. 패션 주얼리회사 제이에스티나는 이탈리아 공주에서 불가리아 왕비가 된 실존했던 조반나의 보석 같은 삶을 브랜드 스토리로 가졌다. 모든 제품에는 공주를 상징하는 티아라가 부착되어 있었다. 또 중년 여성을 위한 제품에는 불가리아의 국화이자 조반나를 상징하는 붉은 장미가 심벌이었다. 광고 모델인 피겨 김연아 선수를 통해 더욱 아름답고 개성 넘치는 매스티지 주얼리로 성장하여 우리 집 경제에도 한동안 많은 기여를 해줬다. 두 아들 레슨비에 큰 보탬이 되었다.

남편이 사준 보석과 가방을 착용하고 출근하면 여성 동료들과 아내에게 그 브랜드를 선물을 해본 경험이 있는 남자 동료들이 알아봐줄 때가 많았다. 나는 내가 공주와 여왕이 된 것처럼 기분이 업 되곤 했었다. 퇴근 후 그날 행복했노라고 남편에게 보고하면 남편도 만족스러워했다.

이렇게 남편은 2019년까지 제이에스티나 주주로서 충실했고 나에게는 아름답고 행복한 추억을 선물했으니 그걸로 만족한다. 지금은 그 회사가 아주 상황이 안 좋아져 남편은 주식을 보유하지 않고 있다. 내게는 큰 아들 몫으로 5년간 사들인 주식이 조금 있다. 불경기가 지나가고 회사가

정상화되면 큰아들에게 꼭 필요한 목돈이 될 걸로 보고 손해를 감수하고 보유하고 있다. 아니 남편과 소중한 추억이 있는 주식으로 미련이 있기에 쉽게 처분할 수가 없었다.

* 애정 담은 선물은 조건 없이 충분히

곰곰 생각해보니 남편은 지난 20년 동안 내게 큰 선물을 종종했는데 나는 무얼 해준 게 없다. 미안한 마음이 든다. 지난해 가을 남편 가죽벨트가 낡아서 백화점에 가서 벨트를 사준 적이 있었다. 그런데 나는 선물을 사주고도 야단맞았다.

"당신은 내 것이야. 벨트로 꽉 동여맬 거야."
"또 그 소리. 제발 숨 막히는 소리 좀 하지 마."

남편은 내가 그를 사랑해서 하는 말을 종종 구속으로 느낄 때가 많았다. 나는 남편으로부터 반지 같은 선물을 받으면 남편 마음을 통째로 받은 것 같아서 기분이 좋았다. 나를 사랑하는 남편의 마음이 내 손에 머무는 느낌이 들었다. 그런데 남편은 내가 모처럼 선물한 벨트를 구속으로 느낀다니 내 마음속이 아려왔다. 구창모의 〈희나리〉 가사가 떠오르곤 했다. 이렇게 묻고 싶었다.

"사랑함에 세심했던 나의 마음이 그대에겐 그렇게도 구속이었소."

선물을 주고도 남편과 내가 기분이 동시에 상한 이유는 뭘까? 내가 선물을 전달하는 방식에 문제가 있었다는 것을 최근에서야 깨달았다. 반복된 실수를 하지 않기 위해 나를 점검해본다. 나는 남편과 애들에게 선물을 줄 때 좀 생색을 내는 편이다. 예를 들어 "내가 돈 쓸 곳이 많은데도 너(당신)를 위해 특별히 마련했다." 혹은 "비싼 것이니 귀하게 여겨줬으면 좋겠다.", "네가(당신이) 뭘 잘 이행했으니까 주는 거야." 등등. 마치 선물이 받은 사람보다 더 가치가 있고, 선물을 주는 내가 더 우월적인 지위에 있는 것처럼 말한 것이다. 한마디로 주객이 전도된 셈이다. 남편은 단지 그의 아내와 아들이라는 이유 하나만으로도 귀한 선물을 줬다. 정말 내가 그에게 소중한 사람이라는 것을 느낄 수 있었다. '사랑해'라는 말한마디보다 훨씬 깊은 감동으로 행복한 충만감이 몰려오곤 했다. 그런데나는 조건을 달아서 남편의 마음을 저울질 하거나 구속했던 것 같았다. 주는 사람도 받는 사람도 충분한 사랑을 느끼고 행복할 수 있도록 애정표현에 좀 더 세심해야겠다.

가족에게 관대하고 자신에게는 엄격하자

＊ 비오는 날 대비 생활에는 근검절약을

우리 집에서 가장 오래된 역사를 자랑하는 가구는 신혼 때 산 옷장이다. 가전제품으로는 냉장고가 있다. 둘 다 올해로 21년을 맞이했다. 나머지 가구나 가전제품은 대체품이거나 새로 산 것으로 우리 집에 온 지 10년 내외다. 그런데 에어컨은 우리 집에 올 때부터 열 살을 먹고 와서 올해 나이가 서른 살이 되었다. 왜냐하면 중고로 들어왔기 때문이다.

나는 추위를 타고 더위는 잘 참는 편이다. 처음부터 혼수로 에어컨을 살 생각을 하지 않았다. 결혼 후 남편은 애들이 한낮에 너무 고생이라며 중고 에어컨을 15년 전에 우리 집에 들였다. 아이들이 아주 좋아했다. 나는 전기요금이 많이 나온다며 내가 집에 있을 때는 거의 켜질 않았다. 남편은 내가 이해가 안 간다고 말한다.

"음식 값이나 옷값은 몇 십만 원도 통 크게 쓰는데, 몇 만 원 안 되는 전기요금을 왜 이렇게 아끼는 거야?"

결혼 초부터 난 월급을 받으면 저축과 보험부터 이체했다. 그 다음에는 애들에게 나가는 비용이다. 육아 비용은 줄일 수는 없었다. 또 남편의 품위 유지를 위해서 나는 옷값을 아끼지 않았다. 그러다 보니 성능 좋은 비싼 가전제품을 추가로 살 수가 없었다. 만기적금 3백만 원이 주식시장에 들어갔는데 마술을 부리기 시작했다. 남편은 수시로 경제경영서를 공부하여 주식 투자 실력이 늘었다. 우리 집에 좋은 가전제품들이 들어왔다. 드럼세탁기, 식기세척기, 김치냉장고 등등 모두 남편이 사주었다. 주식시장은 승승장구하였고 두 아들에게 예체능 교육을 시키기도 했다.

2017년 상반기에 우리 집에 큰 위기가 발생했다. 국제정세와 밀접한 중국 관련주를 보유한 우리 집은 타격이 컸다. 장남이 골프를 시작한 지 4년차, 차남이 거문고를 시작한 지 2년차였다. 우리 부부는 무섭게 긴축재정을 하였다. 아이들 레슨비를 선생님들께 사정하여 반값으로 줄였다.

그런데 나와 남편은 서로가 놀랄 만큼 각각 자린고비가 되었다. 2017년도 여름은 무더웠다. 에어컨 플러그가 너무 삭고 오래 되어서 구리선이 노출되어서 사고가 우려되었다. 위험해서 시험해볼 수도 없었다. 당연히 새로 사야 했다. 사려고 마음먹었다가 삼성전자에 구구절절히 편지를 썼다. 서비스 기사님이 우리 집을 방문했다. 전선이 노출된 부분만 잘라내고 플러그를 새로 붙여 썼다. 2백만 원 돈을 절약한 계기가 되었다.

남편은 남편대로 자동차 한 대를 팔자고 했다. 꽤나 고민이 되었다. 나는 가끔씩 물건을 어떻게 구입했는지 누가 사줬는지에 집착한다. 어머니가 사준 자동차를 절대 팔 수 없었다. 방법을 찾았다. 대전에 있는 큰아들이 면허를 취득했기에 차량 한 대를 주고 혼자 전국 투어를 다니도록 했다. 그간에는 남편이 동행을 했기에 1박 2일 숙식비가 상당했었다. 남편은 직장을 걸어 다니기 시작했다. 남편 직장은 우리 집에서 거리가 멀었다. 유튜브 강좌 등을 들으며 왕복 2시간씩을 걸어 다녔다. 남편은 썬크림이면 충분하고 많이 걸을 수 있어서 운동이 된다며 불평하지 않고 걸어 다녔다. 나는 직장에서 관외출장이 필요한 업무를 봤기에 남편에게 인심을 쓸 상황도 아니었다. 어쨌든 소낙비 내리는 어려운 시간을 슬기롭게 극복해나갔다. 큰아들이 프로 자격을 취득하고 군에 가 있는 동안 남편은 개업을 하였다. 지금은 부활을 위해 한창 기초를 닦아나가고 있다.

남편의 근검절약은 지금 완전히 자리를 잡았다. 겨울 자켓마다 팔꿈치가 헐었는데 모두 다 동그란 가죽을 대서 짜깁기를 해서 입고 있다. 바지 뒷 호주머니도 지갑에 명함을 두툼하게 넣고 다녀 헤어졌는데 짜깁기를 해줘도 불평불만이 없다. 한마디로 얼굴이 환해서 그런지 의복 수선해서 입는 것이 티 나지 않았다. 남편이 과제 작성 등 작업할 일이 많아서 노트북이 필요했었다. 남편은 5년이 지난 중고품을 샀다. 나도 개인 작업할 일이 많아서 노트북이 필요했다. 남편은 처음엔 자신의 중고를 빌려주려 하다가 내 가방 속에 안 들어가서 다음 기회로 미뤘다.

그러던 어느 날 남편은 제이에스티나 브랜드의 여성용 큰 백팩을 사주었다. 남편 노트북을 넣어봤다. 여성용 가방은 백팩이라도 멋을 내다보니 구형 노트북은 여전히 안 들어갔다. 남편은 법무사사무실에 컴퓨터를 설치하면서 여성용 초경량 노트북을 사주었다. 가족에게만큼은 꼭 필요한 것을 최고의 제품으로 사주는 남편 성품은 여전했다.

* 가족에게는 관대하되 분별 있는 사랑을

사람들은 남편이 딸 많은 집 귀한 아들로 태어나 호강하며 큰 것으로 알고 있다. 게다가 차를 살 때마다 국산이지만 새 차를 사고 두 아들이 예체능을 하고 있어서 부유한 것으로 알고 있다. 주식을 하여 돈을 벌었다는 소문도 한동안 자자했다. 대부분 맞는 말이다. 그러나 시어머니는 남편에게 사랑과 정은 많이 주셨지만 엄격했다.

남편이 군제대 후 얼마 안 되어 어머니께 호되게 야단맞은 적이 있다고 한다. 남편이 담배값 등 용돈을 어머니에게 청했을 때 하신 말씀이다.

"나는 군대까지 갔다 온 아들 담배 값을 줄 수 없다. 학비는 몰라도 담배를 피우고 싶으면 네가 벌어서 피워라."

남편은 처음엔 서운했지만 '맞는 말씀이다.'라고 생각하고 복학하기 전까지 아르바이트를 했다고 한다. 그리고 공무원 시험 합격 후 발령 나기 전까지도 막노동을 하였다. 남편이 전주로 처음 이사 와서 살게 된 집이 K아파트였는데 너무 익숙하다고 했다. 남편이 기억을 해냈다. 자신이 아르바이트로 가스배관과 파이프를 날랐던 아파트라고 했다. 나는 그 소리를 듣고 마음이 짠했다.

남편은 어머니에게 배운 대로 2018년 겨울 아들에게 말했다. 아들은 프로 테스트 합격 후 계속 개인 레슨을 받아서 투어 프로로 활동하고 싶어 했다. 남편은 말했다.

"부모의 지원은 여기까지다. 이제는 네가 알바를 해서라도 네 원룸비 등을 벌었으면 좋겠다."

그 아버지의 그 아들이라고 했던가? 아들은 군입대 전에 가전제품을 하차하는 아르바이트를 했다. 나는 많이 울었다. 막노동시키려고 내가 지난 4년 동안 그 비싼 골프를 시켰나 하고서. 큰아들은 그 다음해 2019년 1월초 군에 입대했다. 아들이 더욱 강한 체력과 강한 멘탈을 가지고 제대할 날을 기대한다.

작은아들 진로를 생각할 때도 답답할 때가 있다. 실제 거문고를 전공한 분 이야기다. "오랫동안 전국의 유명한 국악단에 입단 원서를 제출했는데 워낙 자리가 없어서 계속 낙방했다. 부모님께 너무 죄송해서 서른살까지만 도전하고 이후 안 되면 회사 경리로 가겠다."고 다짐했을 정도라고 한다. 그는 부단한 연습으로 최종적으로 지방국악원에 합격했다. 이것이 예체능계 현실이었다.

한국의 부모들처럼 자녀 교육열이 높은 나라가 없다고 한다. 코로나로 학교가 개학을 연기해서 많은 부모들은 애들을 집에서 놀리거나 자기주도 학습을 시키고 있을까? 아니다. 3월 한 달 동안 사교육을 더 강도높게 시키고 있다. 자영업자들은 손님이 없어서 휴업을 많이 하고 있다. 그래도 부모들이 지출을 줄이지 않는 분야가 자녀 교육비이다. 나도 예외가 아니다. 이 시점에서 냉철한 판단이 필요하다. 자녀 교육의 목표가 과연 입시용인지 인성 교육인지 취업 교육인지 창업 교육인지를 살펴볼 일이다. 남편과 나는 비싼 예체능 교육에 장밋빛 환상을 갖지 않고 있다. 다만 일반 학과 공부 외에도 인생을 제대로 멋지게 살 아름다운 도전의 길을 제시해준 것이다. 그 정도로도 부모 소임은 다했다고 본다.

나를 끔찍하게 사랑하는 아버지는 나에게 다음과 같은 말씀을 하신 적이 있다.

"너무 자식한테 올인 하지 말아."

물고기 잡는 방법을 알려주되 물고기까지 잡아주지 말라는 말씀이다. 과도한 자녀 교육비 지출은 부모와 자녀를 더욱 가난하게 살게 할 뿐이다. 나는 부디 남편이 훌륭한 아버지이자 성공한 사업가가 되길 바란다. 나도 아버지와 시어머니처럼 분별력 있게 자녀 교육을 시키고 남편에게는 지혜롭고 사랑스런 아내로 끝까지 내조하련다.

에필로그

이 책을 읽고 누군가 결혼을 결심했으면 좋겠다

중국에서 내 직장으로 마스크 선물이 왔다. 박스에 '도불원인(道不遠人) 인무이국(人無異國)'이 적혀 있었다. '도덕과 정의는 사람을 멀리하지 않고, 사람은 나라에 따라 다르지 않다.'는 의미다. 국적은 다르지만 어려울 때 서로 돕는 관계를 강조한 말이라고 한다. 멋지게 번역해준 '연태샘' 이숙효 선생님과 점심으로 짜장면을 먹게 됐다. 그녀는 언제나 활발하게 말문을 텄다.

"따리 통쉐, 시아오리 통쉐! 카톡 프로필 사진보니 너무 멋져요! 작가 인터뷰 사진 같아요."

"시에시에, 우리 작가 부부 되었어요."

언제나 우리들의 대화는 중국어와 한국어를 혼용하며 활발하게 신나게 진행된다. 그녀는 우리 부부와 만나면 항상 기쁘다고 했다. 우리 부부도 그녀의 예의와 명랑함 그리고 긍정적인 사고에 늘 감탄한다. 그녀는 오래전에 우리 가정을 방문해서 중국어를 가르쳤다. 지금은 중단했어도 만남은 이어지고 있다. 한마디로 오래된 친구다. 그녀라면 우리 부부 이야기를 재미있게 쉽고 즐겁게 읽을 것 같다. 아마 내 책을 읽으면 한국인과의 결혼생활이나 자녀 교육, 시댁어른들과의 갈등 해소에 많은 도움이 될 것 같다는 생각이 든다.

　나는 국제결혼이든 중매결혼이든 연애결혼이든 만나는 계기만 다를 뿐 결혼하면 사는 게 거의 비슷하다고 본다. 아무쪼록 나의 솔직한 이야기가 행복한 결혼생활을 원하는 분들에게 도움이 되길 바란다.

　최근에 프로필 사진을 남편과 함께 찍었다. 행복한 결혼생활에 관련된 사진이어서 남편이 동원되었다. 웨딩포토를 찍는 기분이었다. 웃으면서 찍었지만 남편에게 미안한 마음이 들었다. 아직 남편은 내 책 원고 전체를 읽지 않았기 때문이다. 남편은 가끔씩 내게 묻는다.

"나를 어디까지 해부했어?"

"서운했던 일을 떠올리며 쓴 글이 있지만, 끝은 항상 사랑과 고마움으로 귀결돼."

"당신이 원하는 대로 좋은 책이 되어서 저출산 고령화 시대에 도움이 되길 바랄게."

솔직히 가족들을 의식했다면 이 책을 쓸 수 없었다. 일과 가정이 양립할 수 있다는 자신감과 보람 그리고 어딘가에서 나와 비슷한 상황을 겪고 있을 분들의 마음에 위로가 되고 희망이 되기를 바라는 마음으로 썼다. 내가 결혼할 당시는 서른이 넘으면 노처녀라고 했다. 그래서 남편과 나는 서로 구제해준 거라고 놀리곤 한다. 사실 내 고향친구들은 벌써 사위를 보기도 했다. 그런데 지금은 내가 발령 나서 가는 곳마다 30대 중반이거나 마흔이 다 되어 가는 미혼 남녀가 많다. 나는 젊은 여성들에게 결혼해서 좋은 점을 말하곤 한다. 글은 말보다 전달력이 더 있다고 한다. 내 이야기를 읽고 누군가 결혼을 결심했으면 좋겠다. 또 잠시 위기가 찾아온 가정이 있다면 얼른 회복하여 사랑으로 행복한 가정을 잘 꾸려나가길 바란다.

마지막으로 어려운 시절을 당면하여 1인 창업이나 인생 2막을 준비하는 가정이 많을 것이다. 부디 부부싸움하지 않기를 바란다. 위기는 기회라는 말은 만고의 진리다. 우리들의 영원한 여주인공 스칼렛의 명대사를 잊지 마시길.

"내일은 내일의 태양이 떠오른다."

■ 성종율(전 전라북도 산업진흥과장)

『완벽한 결혼생활 매뉴얼』 출간을 진심으로 축하드립니다. 저자인 이혜성 사무관과 저와의 인연은 15년 전 2005년부터 시작되었습니다. 당시 제가 전라북도청에서 국유재산관리 업무를 총괄하고 있었는데 그녀는 다른 부서에서 농림부소관 국유재산관리 업무를 담당하는 실무자였습니다. 소송과 관련된 여러 가지 자문을 요청해오곤 했습니다. 매우 열정적인 자세로 담당 업무를 처리하고 있어 인상 깊게 보게 되었습니다. 2017년도에 제 소관인 산업진흥과에 전입해올 당시 그녀는 제게 이렇게 말했습니다. "제가 감사관실에서 근무할 때 과장님께서 2012년도에 '청백봉사상 대상' 수상자로 선정되어 우리 도가 '반부패시책평가'에서 전국 1등을 하는 데 큰 도움이 됐습니다."라고 하면서 "섬기는 마음과 따뜻한 리더십을 배우고 싶습니다. 과장님이시기보다는 제 스승님입니다."라며 과찬을 해주었습니다.

당시 산업진흥과는 자동차와 조선업위기가 불어 닥쳐 현안업무가 과중된 상태로 직원들이 매우 힘들어하였습니다. 그녀는 뿌리기계산업분야 담당자로 신규사업 발굴과 국가예산확보에 심혈을 기울였습니다. 국회와 세종시, 산업현장을 매주 주 2~3회 저와 함께 출장에 동행하였습니다. 저는 직원들과 낮에는 출장을 주로 다녔고, 매일 밤 자정이 넘도록 현안 업무 처리에 매진하였습니다. 직원들은 제 건강을 걱정했고, 저는 직원들의 건강과 승진을 걱정했습니다. 한편 저는 도청 직장선교회장을 맡고 있었는데 매월 첫째 주 월요일 저녁이면 목사님을 초빙하여 청내 선교회원들과 예배를 드렸습니다. 그 자리엔 항상 그녀가 함께 있었습니다. 저는 수시로 국가와 전북 현안이 만사형통되기를 기도했습니다. 현안을 다루는 중요한 회의 전에는 늘 기도를 드립니다. 한번은 그녀가 준비한 전북뿌리산업발전 3개년 계획을 위원회에 상정하기 전에 회의장에서 조용히 기도를 한 적이 있었습니다. 그녀는 기도하는 제 모습에 감동받았다며 그녀도 현안이 있을 때는 수시로 기도

하게 됐다고 합니다. 직원들은 매년 인사철이면 초조해합니다. 저는 신앙심이 깊은 그녀에게 "성경 말씀 중 '먼저 된자로서 나중 되고 나중 된 자로서 먼저 될 자가 많으니라.'라는 말씀에 의지하고 승진에 연연하지 말고 하나님 나라 선택받은 백성으로 당당하게 살라."고 위로했습니다. 그러면 그녀는 "모든 일에 원망과 시비가 없게 늘 하나님께 지혜를 구하고 일하겠다."면서 달려라 하니처럼 맡은 바 일을 잘해주었습니다. 지난해 연말 그녀는 저와 주고받은 좋은 성경 말씀을 책으로 쓰고 싶다고 말했습니다. 저는 소망을 꼭 이루길 바란다고 기도 해주었습니다. 부족한 제가 그녀의 공직자로서의 삶이나 신앙생활에 선한 영향력을 끼쳤다면 정말 감사할 일입니다. 특히 제가 지난해 11월 26일 오전에 보낸 "사람이 마음으로 자기의 길을 계획할지라도 그 걸음을 인도하는 자는 여호와시니라"(잠언 16:9)라는 성경말씀은 그녀의 남편이 개업을 앞두고 힘들어할 때 큰 힘이 되었다고 합니다. 모쪼록 그녀의 공직생활과 결혼생활에 성경 말씀이 큰 힘이 되고 하나님의 축복이 가득하길 소망해봅니다. 끝으로 이 책을 통해 독자 여러분의 가정이 변화되고 행복의 파도가 휘몰아쳐 사랑과 행복이 차고 넘치는 하나님의 놀라운 축복과 은혜가 함께하시길 기원드립니다.

■ 김성주(시인, 전라북도체육회 이사, 효자테니스 대표)

2006년 6월 어느 여름날 테니스를 배우려고 30대 후반의 여성이 찾아왔다. 바로 이혜성 작가다. 테니스를 좋아하는 그녀의 남편과는 서로 고향이 같아서 호형호제하고 있다. 이 부부와 인연이 어느덧 14년이 넘었다. 효자테니스로 오기 전 다른 곳에서 1년을 배웠다고 했다. 굳은살이 박힐까 봐 장갑을 끼고 쳐서 그런지 그립을 잘 잡지 못했다. 나는 그녀에게 맨손으로 그립을 잡도록 했다. 손바닥에 물집이 잡히고 터지는 수없는 반복 속에서도 그녀는 흔들림 없이 열심히 배우기 시작했다. 그녀의 실력은 좀처럼 늘지 않았다. 주변 회원들이 너무 못 치니까 조만간 그만둘 거라고 수군거렸다. 남의 소리에 연연하지 않고 10년 넘게 주말 새벽마다 나와서 레슨을 받고 있다. 그녀는 건강하게 살기 위해서 꾸준히 코트장을 나온 것이다. 끈기와 집념이 대단했다. 야근하고 하루 2~3시간만 자고 나올 때가 많았는데 운동을 마칠 무렵에는 재충전을 했다며 좋아했다. 이제는 모두들 그녀를 칭찬하고 있다.

일부 클럽에서 회원 가입하여 경기를 같이 하자고 해도 들지 않고 있다. 이유는 "아직 아이가 어리다, 교회를 가야 한다."는 것이다. 그녀가 어떤 자세로 공직생활과 가정생활에 임했는지 미루어 짐작이 간다.

나와 그녀는 30분 정도 박스 볼을 치고 10분가량 공을 주우며 많은 이야기를 나눈다. 나에게는 세 딸이 있었고 그녀에게는 두 아들이 있었다. 그녀의 큰아들이 초등학생일 때 내 막내딸과 같이 테니스 레슨을 받은 적이 있다. 정말 세월이 빠르다. 우리 집 막내는 여대생이 되었고 그녀의 장남은 프로골퍼가 된 후 현재 군복무 중이다. 두 아들이 골프와 국악의 길을 걷게 될 때부터 나는 자주 안부를 물었다.

"이 프로님은 운동 잘하고 있나요?"
"이 명인님은 연주 잘하고 있나요?"

내가 체육인의 길을 40년 동안 걸었기에 애타는 부모 마음을 잘 안다. 그녀가 자긍심과 확신을 갖고 자녀 뒷바라지를 할 수 있도록 두 아들에 대한 호칭을 미리 성취한 것처럼 불러줬다. 어느 날 그녀가 말했다. "선생님의 호칭 격려 덕분에 장남이 프로테스트에 합격했어요."라며 아침 회원들에게 콩나물국밥을 샀다. 참 보람 있었다. 비가 오나 눈이 오나 항상 새벽이면 운동을 했던 그녀가 올해 들어 세 달 동안 결석을 했다. 남편이 법무사 개업을 하게 되어 주말마다 같이 뭔가를 배운다고 했다. 알고 보니 에세이를 썼다고 한다. 정말 축하할 일이다. 나는 소년 시절에 시를 참 좋아했다. 테니스장을 운영하면서 틈나는 대로 시를 썼다. 꾸준히 하다 보니 어느덧 시 낭송가로 시인으로 데뷔하게 되었다. 이들 부부는 나를 예체능을 겸비한 멋진 선생님이라며 시 낭송행사 때 참석해주기도 했다. 테니스로 계기가 되어 만났지만 자녀 교육 상담과 시와 음악 감상, 사업 상담 등 다방면으로 교류할 수 있어서 좋았다.

이 책은 직장생활을 하면서 건강하고 행복한 가정을 꿈꾸는 많은 부부들에게 큰 도움이 될 것으로 확신한다. 출판을 계기로 좋은 글밭을 일구는 작가의 길도 열심히 닦고 걸어가기를 기대해본다.

■ 권주택(미르피아여성병원장, 전북대학병원 산부인과 외래교수)

　지역 사회 산부인과 전문의로 근 30년간 많은 여성을 진료해왔다. 이혜성 님과는 각별한 인연이 있다. 오래전 남원의료원 재직 시절에 남원법원에 재직 중인 고교 동창을 자주 만났다. 바로 이혜성 님의 남편이다. 알고 보니 내 아내와는 같은 대학교 국어국문학과 동창이었다. 그녀의 언니는 남원의료원 간호사였다. 2002년도에 친구의 둘째 아들이 태어났다. 아들 낳기를 원했던 것으로 기억한다. 그녀의 책을 읽어보니 왜 아들을 원했는지 이해가 간다. 친구 어머니는 갓 태어난 아기를 보자마자 장군감이라며 좋아하셨다고 한다. 지금 시대는 아들이든 딸이든 아기를 갖게 된 것만으로도 부모님들이 대환영한다. 20년 전에는 확실히 남아를 선호했다. 시어머니도, 친정어머니도, 애기아빠도, 심지어 산모 당사자도. 친구와 나는 30대를 주로 남원에서 보냈고, 40대를 전주에서 같이 보내게 됐다. 한번은 친구 부부가 찾아왔다. 건강검진 후 수술해야 한다 해서 찾아온 것이었다. 수술 외 방법이 없었다. 빈혈도 심했다. 친구 부부는 수술을 결정했고 나도 최선을 다해서 돌봤다. 다행히도 수술은 잘 되었고 다시 일상에 복귀했다.

　꾸준히 빈혈약을 복용하라고 당부했건만 잊을 만하면 다시 내원하여 조혈제와 영양제를 맞고 직장에 돌아갔다. 알약이 목에 넘어가지 않는다 하였다. 액체로 된 J사의 B약을 권했더니 드디어 병원을 찾는 횟수가 줄었다. 병원에 올 때마다 현기증과 두통이 최고조일 때 왔는데 보기에 딱할 때가 많았다.

　누구나 건강이 제일 소중하다는 것을 알면서도 일하는 여성들이 자신의 건강을 혹사시킬 때가 많다. 의사가 아니라도 일상에서 우리는 아픈 사람에게 "엎어진 김에 쉬어가라."고 말한다. 의사인 나도 "스트레스 받지 말라. 무조건 쉬라."고 한다. 대부분 쉬면서 스스로를 돌아보고 주변을 살피면 회복이 된다. 사실 몸이 아픈 것은 우리가 그동안 쉬지 못했기 때문이다. 쉼 없이 앞만 보고 달려온 인생에 주의 신호를 주는 것으로 받아들여야 한다. 여성들은 집에서도 직장에서도 쉴 수가 없다고 하소연한다. 때로는 울기도 한다. 정말 이럴 땐 남편의 협조가 가장 중요하다. 다행히도 내 친구는 따뜻한 사람이었다.

신혼 때나 아내가 임신 중에 병원에 같이 오는 남편은 많다. 그러나 중년 부인들은 병이 커질 대로 커져서 홀로 오는 경우가 많다. 대한민국 남성들이 결혼생활 내내 아내 귀한 줄을 알길 바라는 마음이다. "건강을 잃으면 모든 것을 잃는다."는 말은 다시 한 번 강조해도 지나치지 않다. 사실 이혜성 님은 친구에 따르면 일중독자다. 다행히도 그녀는 건강에 적신호가 올 때 한 번씩 쉬어갔다.

참으로 현명한 선택이라고 본다. 나도 진단서로 일정 부분 도왔다. 그녀는 병가나 교육제도를 적절히 활용했던 것 같다. 자신의 건강도 돌보고, 신앙도 갖고, 자녀의 진로도 찾아준 것이다. 최근 친구네 집 경사가 자주 들려온다. 2018년도에는 장남이 프로골퍼가 되었다. 2020년 1월에는 친구가 창업에 관한 책을 펴내고 법무사 개업을 하게 되었다.

그리고 이혜성 님도 가정의 달을 맞아 결혼생활에 관한 책을 펴낸 것이다. 참 멋진 부부다. 이들의 생생한 결혼생활 이야기는 예비부부는 물론 중장년 부부에게 행복하게 살 수 있는 지침서가 될 것이다. 끝으로 이 땅의 모든 여성들이 수시로 건강을 체크하여 행복한 결혼생활과 건강한 인생을 살기를 진심으로 바란다.